职业教育电工电子类基本课程系列教材

电气控制基础及应用

展明星 杨 惠 主 编

于维佳 郭淳芳 副主编

U0217716

电子工业出版社

Publishing House of Electronics Industry

北京 · BEIJING

内 容 简 介

　　本书分上、下两篇，上篇为基础知识，下篇为实作训练。上篇共分 4 章，分别介绍了常用低压电器、典型电动机控制电路、常用生产机械电气控制线路、电气控制系统设计基础知识。下篇设计了具体的 8 个项目，与上篇内容相呼应。8 个项目也涉及元器件部分、典型电路和生产机械控制电路。为强化学生实践能力，项目十二是故障查找训练，其中分别按工厂常用机械设备控制线路设置了 6 个任务，使训练更具针对性，可作为维修电工考证训练的参考。

图书在版编目（CIP）数据

电气控制基础及应用 / 展明星，杨惠主编．—北京：电子工业出版社，2014.8

职业教育电工电子类基本课程系列教材

ISBN 978-7-121-23775-1

I．①电…　II．①展…　②杨…　III．①电气控制－中等专业学校－教材　IV．①TM921.5

中国版本图书馆 CIP 数据核字（2014）第 150040 号

策划编辑：杨宏利
责任编辑：杨宏利　　　特约编辑：赵红梅
印　　刷：北京虎彩文化传播有限公司
装　　订：北京虎彩文化传播有限公司
出版发行：电子工业出版社
　　　　　北京市海淀区万寿路 173 信箱　邮编　100036
开　　本：787×1 092　1/16　印张：12.75　字数：326.4 千字
版　　次：2014 年 8 月第 1 版
印　　次：2025 年 1 月第 8 次印刷
定　　价：29.00 元

　　凡所购买电子工业出版社图书有缺损问题，请向购买书店调换。若书店售缺，请与本社发行部联系，联系及邮购电话：（010）88254888，88258888。

　　质量投诉请发邮件至 zlts@phei.com.cn，盗版侵权举报请发邮件至 dbqq@phei.com.cn。

　　本书咨询联系方式：（010）88254591，bain@phei.com.cn。

前　言

为满足我国职业教育培养人才目标的要求，适应社会发展的需要，根据突出应用、加强实践能力的原则，编写了本书。

本书分为上、下两篇，上篇为基础知识。根据工程实际的需要，采用当今应用广泛的控制技术，深入浅出地分析了电气控制技术理论。第 1 章介绍了各种电气元件，详细分析了各种低压电气元件的结构、原理和型号，为读者使用这些元件进行系统设计打基础。第 2 章是典型控制电路分析，介绍了低压电气元件构成的各种典型控制电路，这是电气控制技术在工程领域应用的基础，也保证了专业的系统性和完整性。第 3 章介绍了各种机械设备的控制系统，为了更好地和应用结合，拓展应用范围，在介绍各种常用机械设备控制系统的同时，结合系统分析研究的需要，对机械运动和电气动作结合的部分也做了说明，以帮助读者更好地理解电气控制系统的特点和规律。第 4 章介绍了电气控制系统设计方法和基础，具体叙述了经验设计法和逻辑关系设计法，并对具体案例进行了分析，主要目的是帮助读者针对不同的机械运动要求和工艺要求设计电气控制线路，将控制技术理论应用于工程实践。

本书下篇为实作训练，把电气控制知识贯穿于具体的实作项目中，每个项目在具体实施过程中除了应用理论知识外，还可积累实践经验，可直接提高学生专业技术水平和职业能力。

本书集基础知识、设计安装、技能培训、应用能力培养于一体，体系新颖，内容可选择性强，且实验设施通用性强，方便各职业教育学校选用。各校可以采用多种教学形式进行教学。

本书由柳州铁道职业技术学院展明星和兰州文理学院杨惠任主编。展明星编写了第 4~第 9章；杨惠编写了第 1~第 3 章；于维佳编写了第 2 章部分内容和第 10 章；雷声勇编写了第 11章；郭淳芳编写了第 12 章；李翠翠编写了第 2 章部分内容；李思编写了实作训练各机床的机械运动规律和控制要求。全书由展明星和杨惠负责统稿。在编写过程中，参考了部分兄弟院校的教材和相关资料。杨宏利老师对本书提出了很多宝贵意见，在此表示衷心感谢。

由于水平不足及时间仓促，书中有不少疏漏和不足之处，敬请读者批评指正。

编　者

2014 年 7 月

目　　录

上篇　电气控制基础知识

上篇

电气控制基础知识

第1章

常用低压电器

低压电器（Low-voltage Apparatus）通常指工作在低压电路中起通断、控制、保护和调节作用的电气设备，它可以实现对电路或非电对象进行控制。这些电器在自动化技术中得到了广泛应用。本章主要介绍控制系统中常见的接触器、继电器、低压断路器、万能转换开关、熔断器等设备的基本结构、功能及工作原理。

1.1 电器的作用与分类

电器就是使用在电路中的用电设备，大到一台数控机床或者一套自动化生产线装置，小到一个开关点灯电路。在工业意义上，电器是指能根据特定的信号和要求，自动或手动地接通或断开电路，断续或连续地改变电路参数，实现对电路或非电对象的切换、控制、保护、检测、变换和调节的电气设备。电器的种类繁多，构造各异，通常按以下方法分类。

1. 按电压等级分类

高压电器（High-voltage Apparatus）：交流 1200V、直流 1500V 电压以下的电路中使用的电器。

低压电器（Low-voltage Apparatus）：交流 1200V、直流 1500V 电压以上的电路中使用的电器。

2. 按所控制的对象分类

低压配电电器（Distributing Apparatus）：主要用于配电系统，如刀开关、熔断器等，实现电能的输送和分配，以及系统保护，要求动作准确、工作可靠、性能稳定。

低压控制电器（Control Apparatus）：主要用于电力拖动自动控制系统和其他用途的设备中，如继电器、接触器及各种主令电器等，要求工作准确可靠，使用寿命长，体积小，质量轻。

3. 按操作方式分类

手动操作电器：依靠人工操作进行接通和分断电路，如各种开关、按钮等。

自动控制电器：依靠电器本身的参数变化或外来信号（如电流、电压、温度、压力、速度、热量等）而自动接通、分断电路，如低压断路器、电磁继电器、光电开关等。

4. 按控制原理分类

电磁式电器：根据电磁感应原理工作的电器，如交直流接触器、电磁式继电器等。

非电量电器：靠外力或非电物理量的变化而动作的电器，如刀开关、行程开关、按钮、速度继电器、压力继电器等。

5. 按使用场合分类

分为一般工业用电器、特殊工矿用电器、农用电器、其他场合（如航空、船舶、热带、高原）用电器。

本章主要涉及电力拖动、自动控制系统用电器，如交直流接触器、各类继电器、自动空气断路器、行程开关、熔断器、主令电器等。

1.2　电磁式低压电器的基础知识

从结构上来看，电磁式低压电器一般都具有两个基本组成部分——感测部分、执行部分。

感测部分接收外界输入的信号，并通过转换、放大、判断，做出有规律的反应，使执行部分动作，输出相应的指令，实现控制的目的。

执行部分则是触头。

对于有触头的电磁式电器，感测部分大都是电磁机构。对于非电磁式的自动电器，感测部分因其工作原理不同而各有差异，但执行部分仍是触头。

1.2.1　电磁机构

电磁机构是各种自动化电磁式电器的主要组成部分，它将电磁能转换成机械能，带动触点闭合或断开。电磁机构由吸引线圈和磁路两部分组成。磁路包括铁芯、衔铁、轭铁和空气气隙。当线圈通电后，铁芯磁化，产生磁通，电磁力克服空气气隙的磁阻，吸引衔铁，通过传动系统带动触点系统动作（图1-1）。

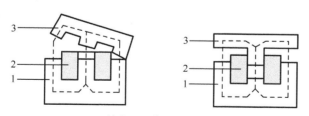

1—铁芯；2—线圈；3—衔铁

图1-1　常用电磁机构的形式

电磁机构的分类如下。

1. 按磁路形状和衔铁运动方式分类

① U形拍合式（用于直流电磁式电器）：铁芯制成U字形，而衔铁的一端绕棱角或转轴

做拍合运动［图 1-2（a）］。

② E 形拍合式和 E 形直动式（均用于交流电磁式电器）：铁芯和衔铁均制成 E 字形，均由电工钢片叠成，线圈套装在中间铁芯柱上［图 1-2（b）］。

③ 空心螺管式（用于交流电流接触器和供电系统用的时间继电器）：电磁机构只有线圈和圆柱形衔铁而无铁芯，衔铁在空心线圈内做直线运动［图 1-2（e）］。

④ 装甲螺管式（用于交流电流继电器）：线圈的外面罩用导磁材料制成，圆柱形衔铁在空心线圈内做直线运动［图 1-2（f）］。

⑤ 回转式（用于供电系统的电流继电器）：铁芯制成 C 字形，用电工钢片叠成，两个可串接或并接的线圈分别绕在铁芯开口侧的铁芯柱上，而衔铁是 Z 字形转子［图 1-2（g）］。

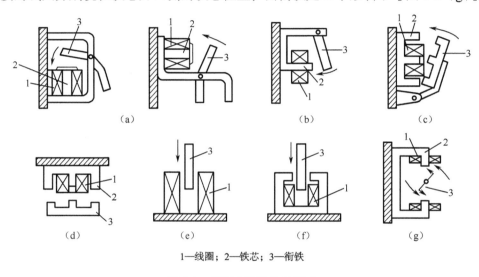

（a） （b） （c）

（d） （e） （f） （g）

1—线圈；2—铁芯；3—衔铁

图 1-2 常用电磁机构的形式

2. 按线圈接入电路方式分类

（1）串联电磁机构

机构的线圈串联于电路中，按电路的电流种类分为直流串联电磁机构和交流串联电磁机构。串联电磁机构的衔铁动作与否取决于线圈中电流的大小，而衔铁的动作不会引起线圈电流的变化。

（2）并联电磁机构

机构的线圈并联于电路中，按电路的电流种类分为直流并联电磁机构和交流并联电磁机构。并联电磁机构的衔铁动作与否取决于线圈中电压的大小。

1.2.2 执行机构

低压电器的执行机构一般由主触点及其灭弧装置组成。

1. 触点系统

（1）触点的接触形式

触点用来接通或断开被控制的电路。它的结构形式很多，按其接触形式可分为3种，即点接触、线接触和面接触，如图1-3所示。

（a）点接触　　　　（b）线接触　　　　（c）面接触

图1-3　触点的3种接触形式

图1-3（a）所示为点接触，它由两个半球形触点或一个半球形与一个平面形触点构成。它常用于小电流的电器中，如接触器的辅助触点或继电器触点。

图1-3（b）所示为线接触，它的接触区域是一条直线。触点在通断过程中是滚动接触，这样，可以自动清除触点表面的氧化膜，同时长期工作的位置不是在易烧灼的起始点而是在终点，保证了触点的良好接触。这种滚动线接触多用于中等容量的触点，如接触器的主触点。

图1-3（c）所示为面接触，它可允许通过较大的电流。这种触点一般在接触面上镶有合金，以减小触点接触电阻和提高耐磨性，多用做较大容量接触器或断路器的主触点。

（2）接触电阻

触点有四种工作状态：闭合状态、断开过程、断开状态、闭合过程。理想情况下，触点闭合时，接触电阻为零；触点断开时，接触电阻为无穷大；在闭合过程中，接触电阻瞬时由无穷大变为零；在断开过程中，接触电阻瞬时由零变为无穷大。

2. 电弧的产生

① 电弧的产生：在触点由闭合状态过渡到断开状态的过程中会产生电弧，是气体自放电形式之一，是一种带电质点的急流。

② 电弧的特点：外部有白炽弧光，内部有很高的温度和密度很大的电流。

3. 常用的灭弧方法和装置

1）灭弧的基本方法

① 拉长电弧，从而降低电场强度。

② 将电弧挤入由绝缘壁组成的窄缝中以冷却电弧。

③ 在电弧进入灭弧罩之后，降低弧温和隔弧。

④ 用电磁力使电弧在冷却介质中运动，降低弧柱周围的温度。

2）电弧的产生条件与灭弧装置

当断路器或接触器触点切断电路时，如电路中电压超过 10～20V 和电流超过 80～100mA，在拉开的两个触点之间将出现强烈火花，这实际上是一种气体放电的现象，通常称为"电弧"。

根据上述电弧产生的物理过程可知，欲使电弧熄灭，应设法降低电弧温度和电场强度，以加强消电离作用。当电离速度低于消电离速度时，则电弧熄灭。根据上述灭弧原则，常用的灭弧装置有如下几种。

（1）磁吹式灭弧装置

如图 1-4 所示，这种灭弧装置是利用电弧电流产生的磁场来灭弧，因而电弧电流越大，吹弧的能力也越强。它广泛应用于大电流的直流接触器中。

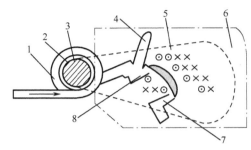

1—磁吹线圈；2—绝缘套；3—铁芯；4—引弧角；5—导磁夹板；6—灭弧罩；7—动触头；8—静触头

图 1-4　磁吹式灭弧装置

（2）灭弧栅

灭弧栅灭弧原理如图 1-5 所示，灭弧栅片由许多镀铜薄钢片组成，片间距离为 2～3mm，安放在触点上方的灭弧罩内。一旦发生电弧，电弧周围产生磁场，使导磁的钢片上有涡流产生，将电弧吸入栅片，电弧被栅片分割成许多串联的短电弧，当交流电压过零时电弧自然熄灭，两栅片间必须有 150～250V 的电压，电弧才能重燃。这样一来，一方面电源电压不足以维持电弧，同时由于栅片的散热作用，电弧自然熄灭后很难重燃。这是一种常用的交流灭弧装置。

（3）灭弧罩

比灭弧栅更为简单的是采用一个用陶土和石棉水泥做的耐高温的灭弧罩（图 1-6），用以降温和隔弧，可用于交流和直流灭弧。

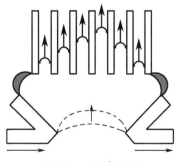

图 1-5　灭弧栅灭弧

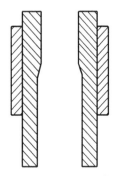

图 1-6　灭弧罩灭弧装置

（4）多断点灭弧

在交流电路中也可采用桥式触点，如图 1-7 所示。有两处断开点，相当于两对电极，若有一处断点要使电弧熄灭后重燃需要 150～250V,现有两处断点就需要 2×(150～250)V,所以有利于灭弧。若采用双极或三极触点控制一个电路时,根据需要可灵活地将两个极或三个极串联起来当做一个触点使用,这组触点便成为多断点,加强了灭弧效果。

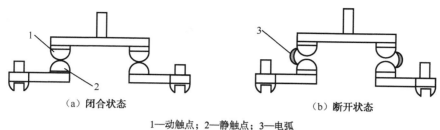

（a）闭合状态 　　　　　　　　　　　　　　（b）断开状态

1—动触点；2—静触点；3—电弧

图 1-7 多断点灭弧

1.3 接 触 器

接触器(Contactor)是用来频繁接通和切断电动机或其他负载主电路的一种自动切换电器。接触器由于生产方便、成本低廉、用途广泛,故在各类低压电器中,生产量最大、使用面最广。

接触器是利用电磁吸力的作用来使触头闭合或断开大电流电路的,是一种非常典型的电磁式电器。接触器的主要组成部分为电磁系统和触头系统。电磁系统是感测部分,触头系统是执行部分。触头工作时,须经常接通和分断额定电流或更大的电流,所以常有电弧产生,为此,一般情况下都装有灭弧装置,并与触头共称触头–灭弧系统,只有额定电流很小的才不设灭弧装置。

接触器按其主触头通过的电流种类,分为直流接触器和交流接触器。按主触头的极数又可分为单极、双极、三极、四极和五极。直流接触器一般为单极或双极,交流接触器大多为三极,四极多用于双回路控制,五极用于多速电动机控制或者自动式自耦减压起动器。

1.3.1 接触器的主要技术参数

1. 额定电压

接触器铭牌额定电压是指主触点上的额定电压。通常用的电压等级如下。

直流接触器：220V、440V、660V。

交流接触器：220V、380V、500V。

按规定,在接触器线圈已发热稳定时,加上 85% 的额定电压,衔铁应可靠地吸合；反之,如果工作中电网电压过低或者突然消失,衔铁亦应可靠地释放。

2. 额定电流

接触器铭牌额定电流是指主触点的额定电流。通常用的电流等级如下。

直流接触器：25A、40A、60A、100A、150A、250A、400A、600A。

交流接触器：5A、9A、12A、16A、20A、25A、32A、40A、52A、63A、75A、110A、170A、250A、400A、630A。

上述电流是指接触器安装在敞开式控制屏上，触点工作不超过额定温升，负载为间断-长期工作制时的电流值。所谓间断-长期工作制是指接触器连续通电时间不超过 8h。若超过 8h，必须空载开闭 3 次以上，以消除表面氧化膜。如果上述条件改变了，就要相应修正其电流值，具体如下。

当接触器安装在箱柜内时，由于冷却条件变差，电流要降低 10%～20%使用。

当接触器工作于长期工作制时，则通电持续率不应超过 40%。敞开安装，电流允许提高 10%～25%；箱柜安装，允许提高 5%～10%。

3. 线圈的额定电压

常用的电压等级如下。

直流线圈：24V、48V、110V、220V、440V。

交流线圈：24V、36V、120V、220V、380V。

一般情况下，交流负载用交流接触器，直流负载用直流接触器，但交流负载频繁动作时也可采用直流吸引线圈的接触器。

4. 额定操作频率

额定操作频率指每小时接通次数。现代生产的接触器，允许接通次数为 150～1500 次/h。

5. 电寿命和机械寿命

电寿命是指接触器的主触点在额定负载条件下，所允许的极限操作次数。机械寿命是指接触器在不用修理的条件下，所能承受的无负载操作次数。现代生产的接触器其电寿命可达 50 万～100 万次，机械寿命可达 500 万～1000 万次。

6. 接触器的电气符号

接触器的电气符号如图 1-8 所示。

| （a）线圈 | （b）主触点 | （c）常开辅助触点 | （c）常闭辅助触点 |

图 1-8　接触器的电气符号

1.3.2　交流接触器

交流接触器（Alternating Current Contactor）一般有 4～5 对主触头、两个动合（常开）辅助触头、两个动断常闭辅助触头。中等容量及以下为直动式，大容量为转动式。

1. 组成

如图 1-9 所示，交流接触器有触点系统、电磁机构、灭弧装置。触点系统：采用双断点的桥式触点主触点，通断控制电路辅助触点。电磁机构：将电能转化为机械能，操纵触点的闭合或断开。灭弧装置：10A 以下采用双断触点和电动力灭弧，容量较大者（20A 以上）采用灭弧栅灭弧。

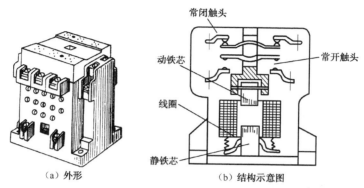

（a）外形　　　　　（b）结构示意图

图 1-9　交流接触器

2. 工作原理

交流接触器有两种工作状态：得电状态（动作状态）和失电状态（释放状态）。接触器主触头的动触头装在与衔铁相连的绝缘连杆上，其静触头则固定在壳体上。当线圈得电后，线圈产生磁场，使静铁芯产生电磁吸力，将衔铁吸合。衔铁带动动触头动作，使常闭触头断开，常开触头闭合，分断或接通相关电路。当线圈失电时，电磁吸力消失，衔铁在反作用弹簧的作用下释放，各触头随之复位。

3. 常用接触器介绍

典型产品有 CJ20、CJ21、CJ26、CJ35、CJ40、NC、B、LC1-D、3TB、STF 系列交流接触器等。

4. 接触器的型号含义

其型号含义如图 1-10 所示。

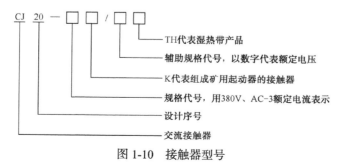

图 1-10　接触器型号

5. 接触器的选用

（1）接触器类型的选择

根据负载性质选类型。

（2）接触器主触点的额定电压选择

额定电压≥主电路工作电压。

（3）接触器主触点额定电流的选择

电动机负载，接触器主触点额定电流计算：

$$I_N = \frac{P_N \times 10}{3U_N \cos\delta \times \eta}$$

式中，P_N 为电动机功率（kW）；

U_N 为电动机额定线电压（V）；

$\cos\delta$ 为电动机功率因数，其值为 0.85 ~ 0.9；

η 为电动机的效率，其值一般为 0.8 ~ 0.9。

例：CJ20-63 型交流接触器在 380V 时的额定工作电流为 63A，故它在 380V 时能控制的电动机的功率为

$$P_N = \sqrt{3 \times 380 \times 63 \times 0.9 \times 0.9 \times 10}$$

其中，$\cos\delta$ 和 η 均取 0.9。

在实际应用中，接触器主触点的额定电流也常常按下面的经验公式计算：

$$I_N = \frac{P_N \times 10}{KU_N}(A)$$

式中，K 为经验系数，取 1 ~ 1.4。

（4）接触器吸引线圈电压的选择

如果控制线路比较简单，所用的接触器数量较少，则交流接触器线圈的额定电压一般直接选用 380V 或 220V；如果控制线路比较复杂，使用的电器又比较多，为了安全起见，线圈的额定电压可选低一点。

6. 接触器的使用和维护

（1）安装前的检查

① 检查接触器铭牌与线圈的技术数据是否符合控制线路的要求。

② 检查接触器的外观，应无机械损伤。

③ 必要时，对新购进或搁置已久的接触器做解体检查。

④ 检查接触器在 85%额定电压时能否正常动作，有无卡住现象；在失压或电压过低时能否释放。

⑤ 检测产品的绝缘电阻。

（2）日常维护

① 定期检查接触器的各部件，观察螺钉是否松动，可动部分是否灵活。对有故障的元件

应及时处理。

② 当触点表面因电弧烧蚀而有金属小粒时，应及时清除。

③ 灭弧罩往往较脆，拆装时注意不要损坏。不允许将灭弧罩去掉，因为这样容易发生电流短路。

1.3.3 直流接触器

直流接触器（Direct Current Contactor）是一种通用性很强的电器产品（图1-11），除用于频繁控制电动机外，还用于各种直流电磁系统中。随着控制对象及其运行方式的不同，接触器的操作条件也有较大差别。接触器铭牌上所规定的电压、电流、控制功率及电气寿命，仅对应于一定类别的额定值。GB1497—85《低压电器基本标准》列出了低压电器常见的使用类别及其代号。

图 1-11 直流接触器

其组成：触点系统、电磁机构、灭弧装置。

1. 触点系统

主触点：单极、双极，采用滚动接触的指形触点。
辅助触点：采用点接触的双断点桥式触点。

2. 电磁机构

通直流电，不会产生涡流，铁芯可用整块铸铁或铸钢制成，不需要安装短路环。

3. 灭弧装置

采用磁吹式灭弧装置。

1.4 继 电 器

控制电路中常用的电气元件有各种类型的继电器和主令电器。继电器是一种根据电量（电压、电流等）或非电量（热、时间、转速、压力等）变化使触点动作，接通或断开控制电路，以实现自动控制和保护电力拖动装置的电器。

1. 继电器分类

① 按用途分为控制继电器、保护继电器。

② 按原理分为电磁式继电器、感应式继电器、热继电器、机械式继电器、电动式继电器、电子式继电器等。

③ 按参数分为电流、电压、时间、速度、压力等继电器。

④ 按动作时间分为瞬时（动作时间小于 0.05s）、延时（动作时间大于 0.15s）继电器。

⑤ 按输出形式分为有触点、无触点继电器。

2. 组成部分

其由感测机构、中间机构和执行机构三部分组成。

1.4.1 继电器的特性及主要参数

继电器（Relay）是一种根据特定形式的输入信号而动作的自动控制电器。一般来说，继电器由感测机构、中间机构和执行机构三部分组成。感测机构反映继电器输入量，并传递给中间机构，将它与预定的量（整定值）进行比较，当达到整定值时（过量或欠量），中间机构就使执行机构产生输出量，用于控制电路的开、断。继电器通常触点容量较小，接在控制电路中，主要用于反应控制信号，是电气控制系统中的信号检测元件；而接触器触点容量较大，直接用于开、断主电路，是电气控制系统中的执行元件。

继电器还可以有以下分类方法：按输入量的物理性质分为电压继电器、电流继电器、功率继电器、时间继电器、温度继电器、速度继电器等，按动作原理分为电磁式继电器、感应式继电器、电动式继电器、热继电器、电子式继电器等，按动作时间分为快速继电器、延时继电器、一般继电器，按执行环节作用原理分为有触点继电器、无触点继电器。本节主要介绍控制继电器中的电磁式（电压、电流、中间）继电器、时间继电器、热继电器等。

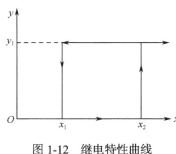

图 1-12　继电特性曲线

继电器的主要特点是具有跳跃式的输入-输出特性，电磁式继电器的特性如图 1-12 所示，这一矩形曲线统称为继电器特性曲线。

一般来说，继电器的吸合时间、释放时间为 0.05～0.15s。

1.4.2 电磁式继电器

常用的电磁式继电器有电流继电器、电压继电器、中间继电器和时间继电器。中间继电器实际上也是一种电压继电器，只是它具有数量较多、容量较小的触点，起到中间放大（触点数量及容量）作用。电磁式继电器的结构与原理与接触器类似，由铁芯、衔铁、线圈、释放弹簧和触点等部分组成。客观上，接触器与中间继电器无截然的分界线。某些容量特别小的接触器与一些中间继电器相比，无论从原理和外观都难以看出有什么明显的不同。

电磁式继电器种类很多，图1-13是典型的电磁式继电器结构图。

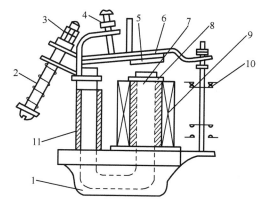

1—底座；2—反力弹簧；3、4—调整螺钉；5—非磁性垫片；6—衔铁；7—铁芯；8—极靴；9—电磁线圈；10—触点系统

图1-13 电磁式继电器结构图

1. 结构

① 电磁系统：铁芯、衔铁、线圈。
② 触点系统：可动触点、静断触点、静闭触点。
③ 传动系统：反力弹簧、拉杆。

2. 工作原理

当绕在铁芯上的线圈通电时，铁芯被磁化产生磁性，在电磁力的作用下，克服反力弹簧的拉力及磁路的阻力，吸引衔铁，通过传动系统带动触点动作，原来闭合的常闭触点断开，原来断开的常开触点闭合。

3. 继电器与接触器的区别

继电器：只能用于控制电路，电流小，通常没有灭弧装置，可在电量或非电量的作用下动作。
接触器：用于主电路，电流大，有灭弧装置，一般只能在电压作用下动作。

4. 电磁式电流继电器（Current Relay）

特点：线圈串联在被测电路中，反映电路电流的变化，线圈匝数少、导线粗、线圈阻抗小。
分类：电流、过电流、欠电流继电器。
（1）过电流继电器
① 定义：线圈电流高于整定值动作的继电器。
② 动断触点：串在线圈电路中。
③ 动合触点：用于自锁和接通指示灯线路，正常工作时衔铁是不吸合的。
④ 整定值范围：1.1～3.5倍额定电流。
⑤ 工作原理：如图1-14所示，在电路工作正常时衔铁不吸合，当电流超过一定值时衔铁

才动作（吸上）。动断触点断开，切断接触器的线圈电源，使接触器的动合触点断开被测电路，使设备脱离电源，起到保护作用。同时，继电器的动合触点闭合进行自锁或者接触指示灯，指示发生过电流。

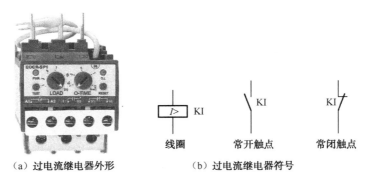

| （a）过电流继电器外形 | （b）过电流继电器符号 |

图 1-14　过电流继电器

（2）欠电流继电器

① 定义：线圈电流低于整定值动作的继电器。

② 用途：用于直流电动机和电磁吸盘的失磁保护。

③ 动合触点：串在线圈电路中，正常工作时衔铁是吸合的。

④ 工作原理：如图 1-15 所示，电路正常时，衔铁是吸合的，只有当电流降低到某一整定值时，继电器释放，输出信号去控制接触器失电，从而控制设备脱离电源，起保护作用。

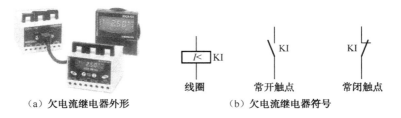

| （a）欠电流继电器外形 | （b）欠电流继电器符号 |

图 1-15　欠电流继电器

5. 电磁式电压继电器（Voltage Relay）

定义：根据线圈两端电压大小而接通或断开电路的继电器，线圈并联在电路中。

特点：继电器线圈的导线细、匝数多、阻抗大，并联在电路中。

分类：过电压、欠电压（图 1-16）、零电压继电器。

工作原理：

① 过电压继电器在电压为额定电压的 110%～120%以上时动作，对电路进行保护（工作原理与过流继电器相似）。

② 欠电压继电器在额定电压的 40%～70%时动作，对电路进行欠压保护（工作原理和欠电流继电器相似）。

③ 零电压继电器在电压降至额定电压的 5%～25%时动作，对电路进行零压保护。

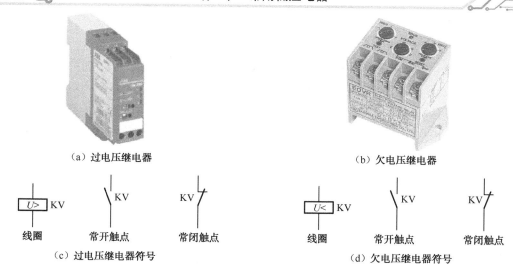

（a）过电压继电器　　　　　　　　　　（b）欠电压继电器

　　线圈　　　常开触点　　　常闭触点　　　　　　线圈　　　常开触点　　　常闭触点

（c）过电压继电器符号　　　　　　　　　　（d）欠电压继电器符号

图 1-16　电压继电器

④ 中间继电器。

定义：结构上是一个电压继电器，但它的触点数多、触点容量小（额定电流为 5～10A），是用来转换控制信号的中间元件。

特点：其输入是线圈的通电或断电信号，输出为触点的动作信号。

用途：当其他继电器的触点数或触点容量不够时，可借助中间继电器来扩大它们的触点数或触点容量，如图 1-17 所示。工作过程：电磁线圈通电后，产生电磁力，驱动触点动作，实现接通和断开电路功能。

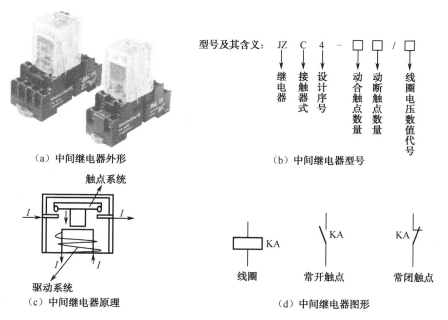

型号及其含义：　JZ　C　4　-　□　□　/　□

继电器　接触器式　设计序号　动合触点数量　动断触点数量　线圈电压数值代号

（a）中间继电器外形　　　　　　　　　（b）中间继电器型号

触点系统

驱动系统

（c）中间继电器原理

　　线圈　　　常开触点　　　常闭触点

（d）中间继电器图形

图 1-17　中间继电器

1.4.3 时间继电器

凡是在敏感元件获得信号后，执行元件要延迟一段时间才动作的继电器叫时间继电器（Time Delay Relay）。这里指的延时区别于一般电磁继电器从线圈得到电信号到触点闭合的固有动作时间。时间继电器一般有通电延时型和断电延时型，其符号如图 1-18 所示。时间继电器种类很多，常用的有电磁阻尼式、空气阻尼式、电动式，新型的有电子式、数字式等时间继电器。

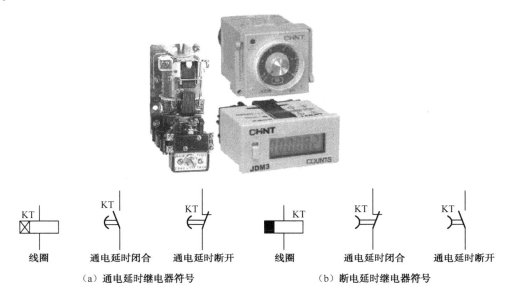

图 1-18　时间继电器

1. 结构

电磁阻尼式时间继电器由衔铁、铁芯、活塞杆、推板、反力弹簧、塔形弹簧、空气室壁、橡皮膜、调节螺杆、进气孔、微动开关、杠杆、触点组成。

2. 工作原理

JS7 系列时间继电器动作原理如图 1-19 所示，当线圈通电后，衔铁吸合，活塞杆在塔形弹簧的作用下，带动橡皮膜向上移动，但由于橡皮膜的下方气室的空气稀薄而形成负压，因此活塞杆只能缓慢上移，其移动的速度视进气孔的大小而定，可通过调节螺杆进行调整。经过一定的延时后，活塞杆才能移动到最上端，这时通过杠杆带动微动开关，使其常闭触头断开，常开触头闭合，起到延时通电的作用。

当线圈断电时，电磁吸力消失，衔铁在反作用力弹簧的作用下释放，通过活塞杆将活塞向下推，橡皮膜下方气室的空气通过橡皮膜、弱弹簧、活塞的肩部所形成的单向阀，迅速地从橡皮膜上方的气室隙缝中排掉，杠杆和微动开关能迅速复位。

在线圈通电和断电时，微动开关在推板的作用下，都能瞬时动作，为时间继电器的瞬动触头。

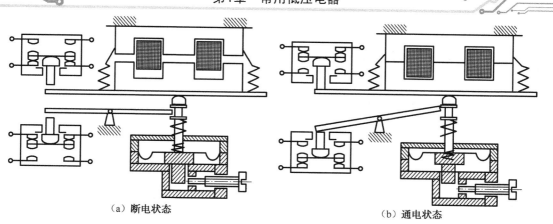

（a）断电状态　　　　　　　　　　（b）通电状态

图 1-19　通电延时继电器

断电延时时间继电器与通电延时时间继电器原理相同，只是将电磁机构翻转 180°。

3. 时间继电器触点动作时机

时间继电器触点系统由通电延时、断电延时、瞬时动作三类触点组成。瞬时动作触点在线圈通电时立刻闭合，线圈一旦断电马上断开；通电延时触点在线圈通电 S 时间后动作，线圈一旦断电马上断开；断电延时触点在线圈通电后马上动作，线圈断电延时 S 时间后触点动作，如图 1-20 所示。

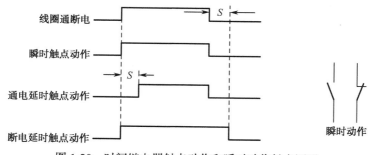

图 1-20　时间继电器触点动作和瞬时动作触点图形

1.4.4　热继电器

1. 普通热继电器

热继电器（Thermal Over-load Relay）是利用电流的热效应原理工作的保护电器，它在电路中用于三相异步电动机的过载保护。热继电器的测量元件通常为双金属片，它由主动层和被动层组成。主动层材料采用较高膨胀系数的铁镍铬合金，被动层材料采用膨胀系数很小的铁镍合金。因此，这种双金属片在受热后将向膨胀系数较小的被动层一面弯曲。

双金属片有直接、间接和复式 3 种加热方式。直接加热就是把双金属片当做发热元件，让电流直接通过，间接加热是用与双金属片无电联系的加热元件产生的热量来加热，复式加热是直接加热与间接加热两种加热形式的结合。

热继电器的基本工作原理如图 1-21 所示。发热元件串联于电动机工作回路中。电动机正常运转时，热元件仅能使双金属片弯曲，还不足以使触头动作。当电动机过载时，即流过热元件的电流超过其整定电流时，热元件的发热量增加，使双金属片弯曲得更厉害，位移量增大，经一段时间后，双金属片推动导板使热继电器的动断触头断开，切断电动机的控制电路，使电动机停车。为了使热继电器触头快速动作，往往采用瞬跳动作结构。热继电器的电气符号如图 1-22 所示。

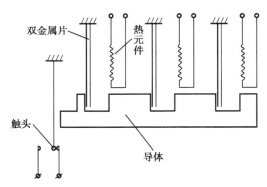

图 1-21　热继电器原理

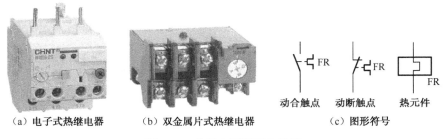

（a）电子式热继电器　　（b）双金属片式热继电器　　（c）图形符号

图 1-22　热继电器外形和符号

热继电器的整定值是指热继电器长久不动作的最大电流，超过此值即动作。热继电器的整定电流可以通过热继电器所带的专门的调节旋钮进行调整。

热继电器的型号很多，目前较新型的有：国产的 JR16、JR20 双金属片式热继电器，JR-23（KD7）系列热过载继电器，与 ABB 公司的 B 系列交流接触器配套的 T 系列热继电器，引进德国西门子公司制造技术生产的 JRS3（3UA）系列热过载继电器等产品。

2. 断相保护热继电器

双金属片的结构只适用于三相同时出现过载电流的情况。而带断相保护的热继电器可用于一相断线的情况，如图 1-23 所示。

3. 常用的热继电器

目前常用的有 JR20、JRS1、JRS2、JRS5、JR16B 和 T 系列等。JR20 系列热继电器型号及其含义如图 1-24 所示。

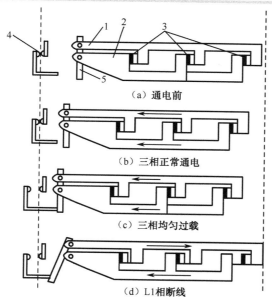

（a）通电前

（b）三相正常通电

（c）三相均匀过载

（d）L1相断线

1—上导板；2—下导板；3—双金属片；4—动断触点；5—杠杆

图 1-23 带断相保护的热继电器

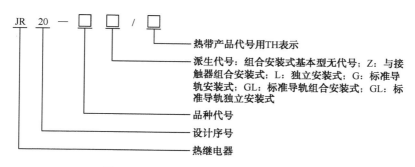

图 1-24 JR20 系列热继电器型号及含义

4. 热继电器的选用

① 过载能力较差的电动机，热元件的额定电流 I_{RT} 为电动机的额定电流 I_N 的 60% ~ 80%。

② 在不频繁的启动场合，若电动机启动电流为其额定电流 6 倍以及启动时间不超过 6s 时，可按电动机的额定电流选取热继电器。

③ 当电动机为重复且短时工作制时，要注意确定热继电器的操作频率，对于操作频率较高的电动机不宜使用热继电器作为过载保护。

1.4.5 速度继电器

其常用于三相异步电动机按速度原则控制的反接制动电路，串接在电动机转轴上，如图 1-25 所示。

组成：转子（圆柱形永久磁铁）、定子（笼型空心圆环）、触点。

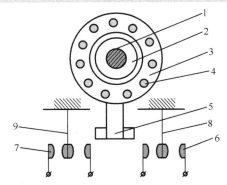

1—转轴；2—转子；3—定子；4—绕组；5—摆锤；6、7—静触头；8、9—动触点

图 1-25　速度继电器

作用：电磁感应与鼠笼式异步电动机相似。转动时，笼型绕组产生感应电势，形成电流后受力而摆动，摆锤拨动触头系统工作，触点用于反接制动控制电路。

停转时，摆锤垂立，触头复位。

型号：JY1（复位转速为 100r/min）、JFZ0。

速度继电器线圈和触点符号如图 1-26 所示。

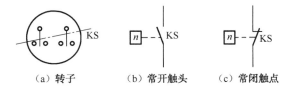

（a）转子　　　　（b）常开触头　　　（c）常闭触点

图 1-26　速度继电器符号

速度继电器原理如下。

如图 1-25 所示，转子 2 与电动机转轴相连。当电动机转动时，速度继电器的转子随之转动，定子内的短路绕组 4 便切割磁场，产生感应电动势，从而产生感应电流；此电流与旋转的转子磁场作用产生转矩，于是定子开始转动；当转到一定角度时，装在定子轴上的摆锤 5 推动动触点 9 动作，使常闭触点分断，常开触点闭合。当电动机转速低于一定值时，定子产生的转矩减小，触头在弹簧的作用下复位。

通常当速度继电器转轴转速达到 120r/min 以上时，触头即动作；当转轴转速低于 100r/min 时，触头即复位；转速在 3600r/min 以下能可靠工作。

1.5　其他常用电器

1.5.1　低压熔断器

熔断器（Fuse）是一种利用熔体的熔化作用而切断电路的、最初级的保护电器，适用于交流低压配电系统，用于线路的过负载保护及系统的短路保护。

熔断器的作用原理可用保护特性或安秒特性来表示。所谓安秒特性是指熔断电流与熔断时间的关系，如表 1-1 和图 1-27 所示。

表 1-1　熔断电流及对应熔断时间

熔断电流	$1.25I_{RT}$	$1.6\,I_{RT}$	$2\,I_{RT}$	$2.5\,I_{RT}$	$3\,I_{RT}$	$4\,I_{RT}$
熔断时间	∞	1h	40s	8s	4.5s	2.5s

图 1-27　熔断器安秒特性图

熔断器作为过负载及短路保护电器具有分断能力高、限流特性好、结构简单、可靠性高、使用维护方便、价格低、可与开关组成组合电器等许多优点，所以得到了广泛应用。

熔断器由熔断体及支持件组成。熔断体常制成丝状或片状，熔断体的材料一般有两种：一种是低熔点材料，如铅锡合金、锌等；另一种是高熔点材料，如银、铜等。支持件是底座与载熔件的组合。支持件的额定电流表示配用熔断体的最大额定电流。

熔断器有很多类型和规格，如有填料封闭管式 RT 型、无填料封闭管式 RM 型、螺旋式 RL 型、快速式 RS 型、插入式 RC 型等，熔体额定电流从最小的 0.5A（FA4 型）到最大的 2100A（RSF 型），按不同的形式有不同的规格。

图 1-28 所示为 RL1 型螺旋式熔断器结构图。熔断器由瓷帽、金属管、指示器、熔管、瓷套、下接线端、上接线端和瓷座等组成。熔管为封闭有填料管式熔断体，它由变截面熔体及高强度瓷管、石英砂等组成。当线路发生过负载或短路时，故障电流通过熔体，熔体被加热、熔化、气化、断裂而产生电弧。在电弧的高温作用下，熔体金属蒸气迅速向四周喷溅，石英砂使金属蒸气冷却，加速了电弧的熄灭，熔体熔断从而切断了故障电路。

RL1系列螺旋式熔断器

图 1-28　熔断器外形和符号

有填料管式熔断器具有较好的限流作用，因此，各种形式的有填料管式熔断器得到了广泛的应用。

目前，较新式的熔断器有取代 RL1 的 RL6、RL7 型螺旋式熔断器，取代 RT0 的 RT16、RT17、RT20 型有填料管式熔断器，取代 RS0、RS3 的 RS、RSF 型快速熔断器，取代 RLS 的 RLS2 型螺旋式快速熔断器。另外，还有取代 R1 型管式熔断器并可用于二次回路的 RT14、RT18、RT19B 型有填料封闭管式圆筒形熔断器。

1.5.2　低压隔离器

低压隔离器是指在断开位置能符合规定的隔离功能要求的低压机械开关电器，而隔离开关

的含义是在断开位置能满足隔离器隔离要求的开关。近十余年来，隔离开关和隔离器的发展非常迅速，常用产品除了 HD11～HD14 及 HS11～HS13（B）系列外，很多都是新开发或引进国外技术生产的新产品，这些产品在结构及技术性能上都较好，代表了领先水平。

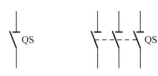

图 1-29　熔断器式刀开关

HR3 系列熔断器式刀开关适用于交流 50Hz、额定电压 380V 和直流电压 440V、额定电流 100～600A 的工业企业配电网络，作为电缆、导线及用电设备的过负载和短路保护，以及在网络正常供电的情况下不频繁地接通和切断电源，如图 1-29 所示。熔断器式开关是由 RT0 型熔断器、静触头、操作机构和底座组成的组合电器。它具有熔断器和刀开关的性能，在正常馈电的情况下，接通和切断电源由刀开关承担，熔断器用于导线和用电设备的短路保护或导线的过负载保护。

HR3 系列开关都装有灭弧室，灭弧室由酚醛纸板和钢板冲制的栅片铆合而成。熔断器式刀开关的熔断体固定在带有弹簧钩子锁板的绝缘横梁上，在正常运行时，保证熔断体不脱扣，而当熔断体因线路故障而熔断后，只要按下钩子便可以很方便地更换熔断体。

1.5.3　低压断路器

低压断路器（Automatic Circuit Breaker）按结构形式分为万能式和塑料外壳式两类。其中，万能式原称为框架式断路器，为与 IEC 标准使用的名称相符合，已改称为万能式断路器。

低压器断路器又称自动空气断路器，简称自动空气开关或自动开关。低压断路器与接触器不同的是，虽然允许切断短路电流，但允许操作的次数较低，不适宜频繁操作。

1. 低压断路器的结构和原理

低压断路器主要由触头系统、操作机构和保护元件 3 部分组成。主触头由耐弧合金（如银钨合金）制成，采用灭弧栅片灭弧。操作机构较复杂，其通断可用手柄操作，也可用电磁机构操作，大容量的断路器也可采用电动机操作；自动脱扣装置可应付各种故障，使触点瞬时动作，而与手柄的操作速度无关。

低压断路器的工作原理如图 1-30 所示。它相当于闸刀开关、熔断器、热断器、热继电器和欠电压继电器的组合，是一种自动切断故障电路用的保护电器。正常工作时主触点串联于主电路，处于闭合状态，此时锁键由搭钩勾住。自动开关一旦闭合后，由机械联锁保持主触头闭合，而不消耗电能。锁键被扣住后，分断弹簧被拉长，储蓄了能量，为开断做准备。电流脱扣器的线圈串联于主电路，当电流为正常值时，衔铁吸力不够，处于打开位置。当电路电流超过规定值时，电磁吸力增加，衔铁吸合，通过杠杆使搭钩脱开，主触点在弹簧作用下切断电路，这就是过电流保护；当电压过低（欠压）或失压时，欠压脱扣器的衔铁释放，同样由杠杆使搭钩脱开，切断电路，实现了失压保护；过载时双金属片弯曲，也通过杠杆使搭钩脱开，主触点电路被切断，完成过负荷保护。

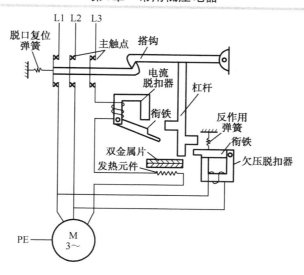

图 1-30　低压断路器

2. 低压断路器的型号

低压断路器的新型号很多，有用引进技术生产的，如 C45、S250S、E4CB、3VE、ME、AE 等系列，有国内开发研制的，如 CM1、DZ20 系列。在 20 世纪 90 年代，部分生产厂与国外企业合资建厂引进技术及零件，生产具有当代水平的新型断路器，如 S、F、M 系列等，使我国断路器生产在某些方面达到了新的水平。

C45、DPN、NC100 小型塑料外壳系列断路器是中法合资天津梅兰有限公司用法国梅兰日兰公司的技术和设备制造的产品，适用于交流 50Hz，额定电压为 240/415V 及以下的电路中，作为线路、照明及动力设备的过负载与短路保护，以及线路和设备的通断转换。该系列断路器也可用于直流电路。

DZ20 系列断路器是我国自 20 世纪 80 年代以来研制的作为替代 DZ10 等系列老产品的新型断路器，是目前国内应用得最多的断路器之一。DZ20 系列断路器适用于交流 50Hz、额定电压 380V 及以下，直流电压 220V 及以下网络中，用于配电和保护电动机。在正常情况下，可分别作为线路的不频繁转换及电动机的不频繁启动用，其外形如图 1-31 所示。

图 1-31　多种断路器的外形

1.5.4 主令电器

主令电器（Master Switch）是电气控制系统中用于发送控制指令的非自动切换的小电流开关电器，在控制系统中用以控制电力拖动系统的启动与停止，以及改变系统的工作状态，如正转与反转。主令电器可直接作用于控制线路，也可以通过电磁式电器间接作用。由于它是一种专门发号施令的电器，故称主令电器。

主令电器应用广泛，种类繁多，主要有控制按钮、万能转换开关等。

1. 控制按钮

控制按钮（Push-button）是一种结构简单、应用广泛的主令电器，在控制回路中用于远距离手动控制各种电磁机构，也可以用来转换各种信号线路与电气联锁线路等。

控制按钮的基本结构如图 1-32 所示，一般由按钮帽、复位弹簧、桥式动触头、静触头和外壳等组成。当按下按钮时，先断开常闭触头，然后接通常开触头。当按钮释放后，在复位弹簧作用下使按钮自动复原。这就是一般的按钮，通常称为自复式按钮，也有带自保持机构的按钮，第一次按下后，由机械结构锁定，手放后不复原，第二次按下后，锁定机构脱扣，手放开后自动复原。

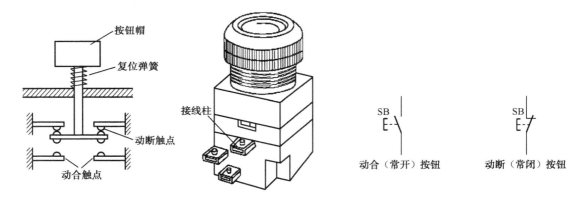

图 1-32 按钮的基本结构

生产控制中，按钮常常成组使用。为了便于识别各个按钮的作用，避免误操作，通常在按钮上做出不同标志或涂以不同的颜色。通常以绿色或黑色表示启动按钮，红色表示停止按钮。

国内生产的按钮种类很多，目前用得最多的仍然是 LA18、LA19、LA20 系列。

2. 万能转换开关

万能转换开关（Control Switch）是一种多挡式、控制多回路的主令电器。它一般可用于各种配电装置的远距离控制，也可作为电压表、电流表的转换开关，或作为小容量电动机的启动、调速和换向开关，由于换接的线路多、用途广，故有"万能"之称。

万能转换开关如图 1-33 所示。它由开关手柄、转轴、弹簧、凸轮、绝缘垫板、动触点以及转轴、触头、螺杆等组成。工作时，旋转手柄带动套在转轴上的凸轮来控制触点的接通和断

开。由于每层凸轮可做成不同的形状，因此用手柄将开关转到不同位置时，通过作用，可使各对触点按所需要的变化规律接通或断开，以适应不同线路的需要。

图 1-33 LW5D-16 万能转换开关

我国生产的转换开关种类很多。长久以来，使用得最多的主要有 LW2、LW5、LW6、LWX1 等几种，这些开关以黑胶木为主要绝缘材料，绝缘强度和机械强度较差，加之触头机构复杂，外观比较粗糙，外形比较大，因此质量一直不能使用户满意。近年来，新材料、新技术不断推广，一批新型开关已经上市，其中最有代表性的有国内技术生产的 LW12-16 系列万能转换开关，引进 ABB 技术生产的 ABG10 系列开关、ADA10 转换开关、ABG12 万能转换开关等。最常见的国外进口万能转换开关是奥地利生产的蓝系列开关，此开关性能优越，外观也比较好看，但其通断图表不符合国内用户习惯，所以不易使用。

万能转换开关组合形式多样，通断关系十分复杂。掌握电气控制设计，熟悉开关通断图表是非常重要的。下面以 ABG12-2.8N/3 电动机可逆转开关为例，简要介绍开关触点图表的基本表示方法。

图 1-34 为触点通断图，图中 3 条垂直虚线表示转换开关手柄的 3 个不同操作位置，分别代表正转、停止和反转 3 种工作状态；水平线表示端子引线；各对数字表示 6 对触点脚号；在虚线上与水平线对应的黑点表示该对触点在虚线位置时是接通的，否则是断开的。

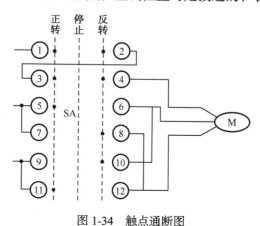

图 1-34 触点通断图

表 1-2 为通断表，它以表格形式示出开关工作状态、手柄操作位置和触点对编号等。通常表中以"×"号表示触点接通，以"—"号或空白表示触点断开。手柄位于中间时，电动机停

止；手柄逆时针旋转 45°，触点 1-2、3-4、7-8 和 9-10 接通。不难看出，通断图和通断表是一一对应的两种表示方法，因此，它们也可以合在一起，组成通断图表。

表 1-2 通断表

工作状态	手柄位置	触 点 号					
		1-2	3-4	5-6	7-8	9-10	11-12
正转	◢	×	×	×	—	—	×
停止	◈	—	—	—	—	—	—
反转	◥	×	×		×	×	—

特别需要指出的是，对于一些触点形式特别复杂的开关，如 LW2、LWX1 系列等，通断图表上还有必要表示出其各层的触点形式代号。限于篇幅，本章不做介绍。

近十年来，低压电器技术迅速发展，更新换代产品日益增多。

1.5.5 行程开关

行程开关（Travel Switch）又称限位开关，是一种根据生产机械运动的行程位置而动作的小电流开关电器。它通过其机械结构中可动部分的动作，将机械信号变换为电信号，以实现对机械的电气控制。

从结构看，行程开关由 3 部分组成：操作头、触头系统和外壳。操作头是开关的感测部分，它接受机械结构发出的动作信号，并将此信号传递到触头系统。触头系统是开关的执行部分，它将操作头传来的机械信号，通过本身的转换动作，变换为电信号，输出到有关控制回路，使之能按需要做出必要的反应。

1. JW 系列基本型微动开关

习惯上把尺寸甚小且极限行程甚小的行程开关称为微动开关（Sension Switch），图 1-35 为 JW 系列基本型微动开关外形及结构示意图。JW 系列微动开关由带纯银触点的动静触头、作用弹簧、操作钮和胶木外壳等组成。当外来机械力加于操作钮时，操作钮向下运动，通过拉钩将作用弹簧拉伸，弹簧拉伸到一定位置时触头离开常闭触头，转而同常开触头接通。当外力除去后，触头借弹簧力自动复位。微动开关体积小，动作灵敏，适合在小型机构中使用。由于操作钮允许压下的极限行程很小，开关的机械强度不高，使用时必须注意避免撞坏。

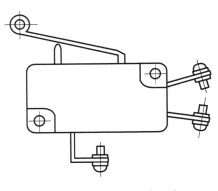

图 1-35 JW 系列微动开关

2. LX19K 型行程开关

图 1-36 所示为最典型的 LX19K 型行程开关的结构示意图，它由按钮、常开静触点、常闭静触点、接触桥（桥式动触点）、触头弹簧、恢复弹簧和塑料基座等组成。其中，接触桥采用弹性铜片制造。其工作原理如下：当外界机械力碰压按钮，使它向内运动时，压迫弹簧，并通过弹簧使接触桥由与常闭静触头接触转而同常开静触头接触。此时，触头弹簧和接触桥本身的弹性都有助于使触头转换加速，起到了瞬动机构的作用。当外界机械力消失后，恢复弹簧使接触桥重新自动恢复到原来的位置。LX19 系列开关配有动合触头、动断触头各一对。该系列行程开关是以 LX19K 型元件为基础，装上金属或塑料的保护外壳，增设不同的滚轮和传动杆，就可组成单轮、双轮及径向传动杆等形式的行程开关。如装设传动杆的 SX19-001 型行程开关，装设单轮的 LX19-111、122、131 型行程开关，装设双轮的 LX19-212、222、232 型行程开关。单轮行程开关在外力去掉后，触点能依靠弹簧自动复位。双轮行程开关在撞块通过其中一滚轮时，使开关动作。当撞块离开滚轮后，开关不能自动复位。直到撞块在返回行程中撞击另一滚轮时，开关才复位。这种开关具有记忆功能，在某些情况下，可使线路简化。

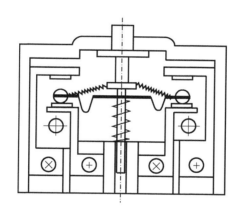

图 1-36　LX19K 型行程开关

3. JLXK1 系列行程开关

在上述 LX19 系列行程开关使用中，由于有较大的机械碰撞和摩擦，只适用于低速的机械。为了控制运动速度较高的机械，行程开关必须快速而可靠地动作，以减少电弧对触头的电侵蚀。为此，在 JLXK1 系列行程开关中采用了触头的速动机构。JLXK1 系列行程开关头部的操作机构可在相差 90° 的 4 个方向任意安装，而且能够通过调整撞块的位置和方向，以适应不同的需要和满足单向或双向动作的要求。图 1-37 为行程开关结构图。其动作原理是：当运动机构移动压到行程开关滚轮上时，传动杠杆带动轴一起转动，使凸轮推动撞块，当撞块被压到相当位置时，推动钮使微动开关快速动作。当滚轮上的运动机构移开后，复位弹簧就使行程开关各部分自动恢复原始位置。这种单轮自动恢复式行程开关依靠本身的恢复弹簧来复原，在生产机械的自动控制中应用较广泛。双轮旋转式行程开关，一般不能自动复原，而是依靠运动机械反

向移动，碰撞另一个滚轮将其复原。这种双轮非自动恢复式行程开关结构较为复杂，价格较贵，但运行较为可靠，仍广泛用于需要的地方。

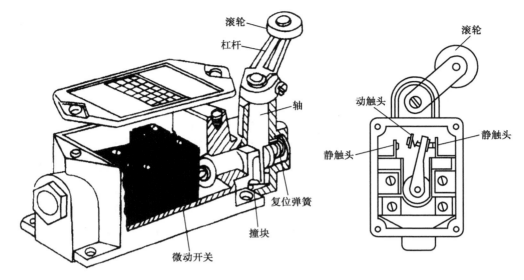

图 1-37　行程开关结构图

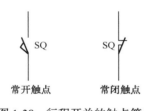

图 1-38　行程开关的触点符号

滚轮式行程开关由于带有瞬动机构，故触点切断速度快。国产行程开关的种类很多，目前常用的还有 LX21、LX23、LX32、LXK3 等系列。近年来，国外生产技术不断引入，引进生产德国西门子公司的 3XE3 系列行程开关，规格全、外形结构多样、技术性能优良、拆装方便、使用灵活、动作可靠，有开启式、保护式两大类。行程开关的触点符号如图 1-38 所示。

1.6　常用电气元件图形符号

常用电气元件图形符号如图 1-39 所示。

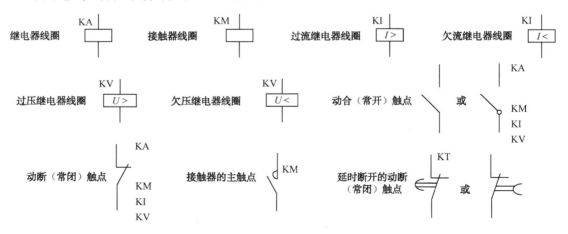

图 1-39　常用电气元件图形符号

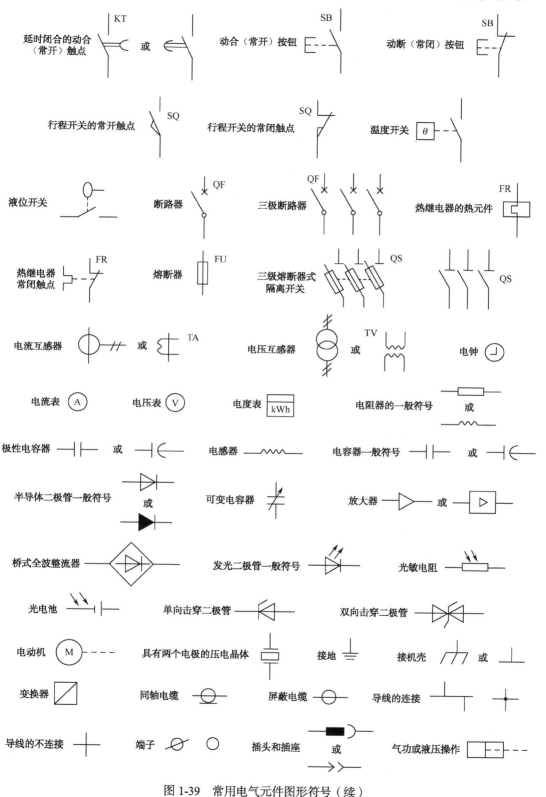

图 1-39　常用电气元件图形符号（续）

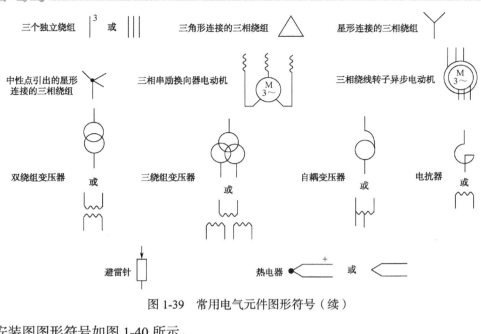

图 1-39 常用电气元件图形符号（续）

安装图图形符号如图 1-40 所示。

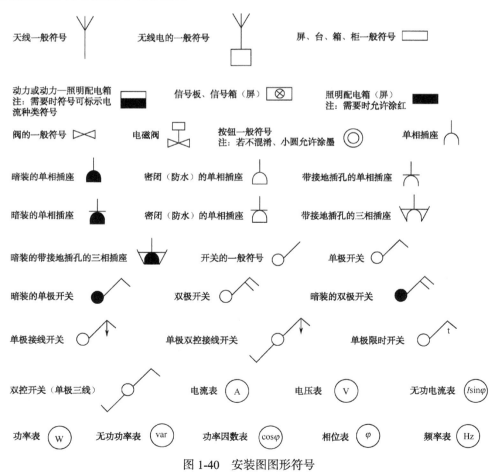

图 1-40 安装图图形符号

第**2**章

电动机典型继电控制线路

继电器-接触器控制电路由各种低压电器所组成。一个最简单的三相异步电动机控制电路，可以用一个闸刀开关控制电动机的启动、运行和停止。实际应用中要达到自动控制的要求，电路中需要借助各种开关、继电器、接触器等电气元件，它们能够根据操作人员所发出的控制指令信号，实现对电动机的自动控制、保护和监测等功能。

2.1 三相异步电动机直接启动控制电路

三相异步电动机的启动过程是指三相异步电动机从接入电网开始转动时起，到达额定转速为止这一段过程。三相异步电动机在启动时启动转矩并不大，但定子绕组中的电流增大为额定电流的 $4 \sim 7$ 倍。这么大的启动电流将带来下述不良后果。

① 启动电流过大造成电压损失过大，使电动机启动转矩下降。同时可造成影响连接在电网上的其他设备的正常运行。

② 使电动机绕组发热，绝缘老化，从而缩短了电动机的使用寿命。

③ 造成过流保护装置误动作。因此，三相异步电动机的启动控制方式有两种：一种是直接启动控制，另一种是降压启动控制。

2.1.1 用刀开关直接控制的三相异步电动机单向运转电路

1. 刀开关控制电动机动作电路示意图和接线图（图2-1）

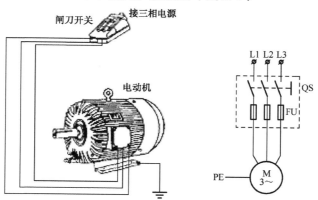

图2-1 刀开关控制电动机动作电路示意图和接线图

2. 刀开关控制电动机动作电路工作原理

启动：合上电源开关 QS，三相异步电动机通电，电动机启动。

切断：断开 QS，电动机断电停转。

2.1.2 使用交流接触器控制电动机单向运转的电路

1. 单向运转的电路的工作原理

控制原理如下（图 2-2）。

① 合上电源开关 QS，接通电源。

② 启动控制。

按下启动按钮 SB2，接触器 KM 电磁线圈得电吸合，KM 主触点闭合，电动机 M 得电启动运转；KM 辅助动合触点闭合，自锁控制。

③ 停止控制。

按下停止按钮 SB1，接触器 KM 电磁线圈断电释放；KM 主触点断开，电动机 M 断电停止，KM 辅助动合触点断开，自锁控制解除。

停电时自动切断电路。

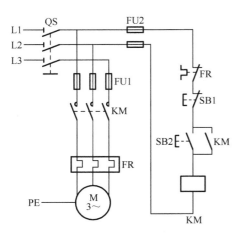

图 2-2 接触器控制电动机单向运行电路图

2. 控制系统保护

（1）过载保护

当电动机在运行中出现过载并达到一定程度时，热继电器 FR 动作，FR 动断触点断开，接触器 KM 电磁线圈断电释放，KM 主触点断开，电动机 M 断电停止。

（2）短路保护

熔断器是一种结构简单、使用方便、价格低廉、控制有效的短路保护电器，它串联在电路中起短路保护作用。

（3）失压保护

上述电路如在工作中突然停电而又恢复供电，由于接触器 KM 断电时自锁触点已断开，这就保证了未再次按下启动按钮 SB2 时接触器 KM 不动作，因此不会因电动机自行启动而造成设备和人身事故。这种在突然停电时能够自动切断电动机电源的保护功能称为失压（或零压）保护，由接触器 KM 实现。

（4）欠压保护

上述电路如果电源电压过低（如降至额定电压的 85% 以下），则接触器线圈产生的电磁吸力不足，接触器会在复位弹簧的作用下释放，从而切断电动机电源，防止电动机在电压不足的情况下运行，这种保护功能称为欠压保护，同样由接触器 KM 实现。

2.1.3 三相异步电动机的顺序控制和多点控制电路

1. 顺序控制电路

（1）主电路实现顺序控制

电动机 M2 的主电路接在 M1 的控制接触器 KM1 的主触点后面，只有 KM1 主触点闭合，M1 启动后，M2 才能得电运行（图 2-3）。

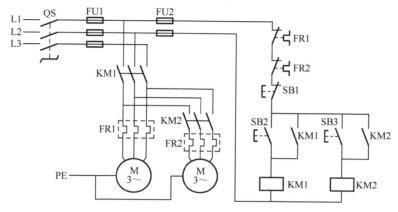

图 2-3 电动机顺序控制电路

（2）控制电路实现顺序控制

图 2-4（b）为 M1、M2 顺序启动同时停止，图 2-4（c）为 M1、M2 顺序启动而分别停止，图 2-4（d）则为 M1、M2 顺序启动，M2 先停后 M1 才能停止。

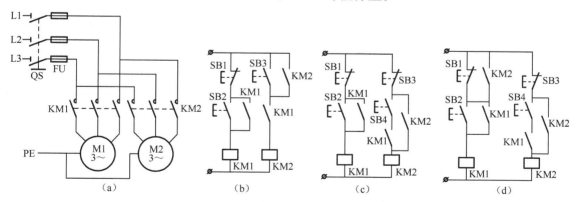

图 2-4 接触器顺序动作电路

2. 多点（异地）控制电路

多点控制的基本原理是将启动按钮的动合触点并联（SB3、SB4），这样不论在什么地方只要按下其中一个按钮，KM 的线圈均可得电工作；而将停止按钮的动断触点相串联（SB1、SB2）就可以实现异地停止控制（图 2-5）。

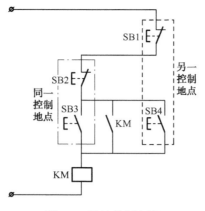

图 2-5　异地控制电路

2.1.4　三相异步电动机的正反转控制电路

1. 使用相序开关控制的正反转控制电路

（1）电路的工作原理

如图 2-6 所示，操作相序开关 QS，把手柄扳至"顺"的位置时，QS 的触点往上接通，电动机与电源的连接相序为 L1—D1、L2—D2、L3—D3，电动机正转运行；当把手柄扳至"倒"的位置时，QS 的触点往下接通，电动机与电源的连接相序为 L1—D2、L2—D1、L3—D3，电动机反转运行；当把手柄扳至"停"的位置时，QS 的触点断开，电动机断电停止。

（2）相序开关的使用方法

如图 2-7 所示，使用相序开关不能直接进行正反转换，先停止运行，再改变运行方向，否则开关会因为电流过大而损坏。

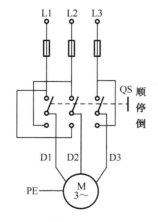

图 2-6　相序开关控制电动机电路

图 2-7　相序开关外形图

2. 使用交流接触器控制的正反转控制电路

1）电路的工作原理

如图 2-8 所示，该电路可实现电动机的直接正反转切换，其控制过程如下。

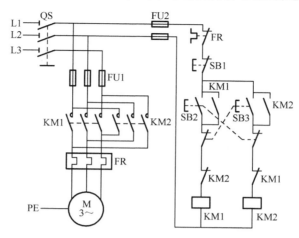

图 2-8 电动机正反转运行电路

（1）正转控制（设开始启动）

① 启动控制。

按下启动按钮 SB2，接触器 KM1 电磁线圈得电吸合，KM 主触点闭合，电动机 M 得电启动正转；KM1 辅助动合触点闭合，自锁控制；SB1 常闭按钮串接在电路中，证明未按压反转控制按钮，KM2 常闭按钮串接在电路中，证明反转接触器 KM2 未吸合。

② 停止控制。

按下停止按钮 SB1，接触器 KM1 电磁线圈断电释放；KM1 主触点断开，电动机 M 断电停止正转，KM1 辅助动合触点断开，自锁控制解除，同时解除对 KM2 的互锁。

（2）反转控制（设由原来正转切换）

① 启动控制。

按下启动按钮 SB3，接触器 KM2 电磁线圈得电吸合，KM2 主触点闭合，电动机 M 得电启动反转；KM2 辅助动合触点闭合，自锁控制；SB3 常闭按钮串接在电路中，证明未按压正转控制按钮，KM1 常闭按钮串接在电路中，证明正转接触器 KM1 未吸合。

② 停止控制。

按下停止按钮 SB1，接触器 KM2 电磁线圈断电释放；KM2 主触点断开，电动机 M 断电停止正转，KM2 辅助动合触点断开，自锁控制解除，同时解除对 KM1 的互锁。

2）双重联锁的作用

双重联锁是指使用按钮进行机械联锁和接触器触点进行电气联锁，防止正反转接触器同时吸合而短路电源。

3. 行程开关

行程开关是一种将机械信号转换为电信号，以控制运动部件位置或行程的自动控制电器，它属于主令电器（图2-9）。

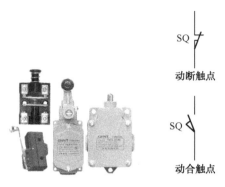

图 2-9　行程开关

（1）实现机床工作台自动往复运动的电动机拖动控制电路

如图 2-10 所示，SQ1、SQ2 为换向开关，用于改变工作台运行方向，SQ3、SQ4 为极限开关，用于工作台到达极限位置时切断控制电路。

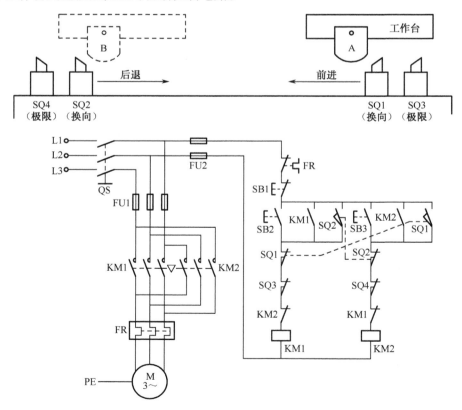

图 2-10　工作台自动往复运动的电动机拖动控制电路

（2）电路工作原理

① 前进控制。

按下启动按钮 SB2，接触器 KM1 电磁线圈得电吸合，KM1 主触点闭合，电动机 M 得电启动正转，工作台前进；KM1 辅助动合触点闭合，自锁控制；到达位置触碰换向行程开关 SQ1，切断 KM1 电路，接通 KM2 电路，电动机反向转动，工作台由前进变为后退。SQ1 串接在电路用于反转时切断正转 KM1 电路；SQ3、SQ4 常闭按钮串接在电路中，用于到达极限位置时切断电路，KM2 常闭按钮串接在电路中，证明反转接触器 KM2 未吸合。

② 停止控制。

按下停止按钮 SB1，接触器 KM1 或 KM2 电磁线圈断电释放；KM1 或 KM2 主触点断开，电动机 M 断电停止运行，KM1 或 KM2 辅助动合触点断开，自锁控制解除，同时解除对 KM1 或 KM2 的互锁。

③ 后退控制。

按下启动按钮 SB3，接触器 KM2 电磁线圈得电吸合，KM2 主触点闭合，电动机 M 得电启动反转，工作台前进；KM2 辅助动合触点闭合，自锁控制；到达位置触碰换向行程开关 SQ2，切断 KM2 电路，接通 KM1 电路，电动机变向转动，工作台由后退变为前进。

2.2 三相异步电动机降压启动控制电路

为减小启动电流，电动机需要降压启动。启动过程中，转速、电流、时间均变化，以转速和电流为参数控制电动机启动时间，启动时间与负载、电网电压有关，主要有以时间为参数控制电动机启动和以电流为参数控制电动机启动的电路。

2.2.1 三相笼型异步电动机降压启动控制电路

1. 定子串电阻降压启动控制电路

如图 2-11 所示，以时间为参数控制电动机启动电路；在启动时，主电路串电阻进行分压，降低电动机定子绕组端电压；启动结束，将电阻短路，转为全压运行；控制电路使用时间继电器进行控制，启动时间由时间继电器延时时间决定。

（1）工作过程

合上 QS，按下 SB2，KM1 线圈吸合，KM1 主触点闭合，电动机 M 串电阻降压运转，KM1 辅助常开触点闭合自锁，KT 线圈通电，KT 延时时间一到，KT 常开触点闭合，KM2 线圈吸合，电动机 M 全压运转，KM2 辅助触点断开，KM1、KT 线圈失电，KM2 辅助触点闭合自锁；按下 SB1，KM2 线圈断电，KM2 主触点、辅助触点断开，电动机 M 停止。

（2）串电阻降压启动控制线路的选择原则

启动电阻可利用下列公式近似估算：

$$R = 220/I_e \sqrt{(I_q/I_q')^2 - 1}$$

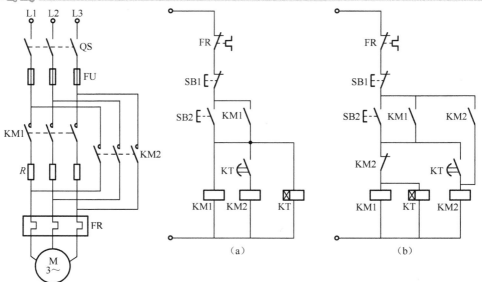

图 2-11 交流异步电动机定子串电阻降压启动控制电路

式中，I_q——电动机直接启动时的启动电流，A；

I_q' ——电动机降压启动时的启动电流，A；

I_e——电动机直接启动时的启动电流，A。

2. 自耦变压器降压启动控制电路

如图 2-12 所示，自耦变压器降压启动是利用自耦变压器二次绕组的不同抽头降压启动，待启动正常后再转回额定工作电压，这样既能适应不同负载启动的需要，又能获得较大的启动转矩，常被用来启动容量较大的三相异步电动机。

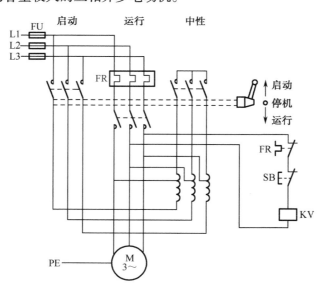

图 2-12 自耦变压器降压启动控制电路

（1）工作过程

① 启动时，将手柄向上扳至"启动"位置，图 2-12 中左、右两组（各三个）触点闭合，电动机定子绕组接入自耦变压器降压启动。

② 当电动机转速将近升至额定转速时，可将手柄向下扳至"运行"位置，左、右两组触点断开，将自耦变压器从线路中切除；中间一组触点闭合，电动机全压运行。

③ 要停机时，只须按下停机按钮 SB，使失压脱扣器 KV 的线圈断电而造成衔铁释放，通过机械脱扣装置将运行一组触点断开，同时手柄会自动跳回"停机"位置，启动器所有的触点都断开，电动机断电，为下一次启动做准备。

（2）自耦变压器降压启动控制电路的缺点

自耦变压器降压启动控制电路启动转矩可以通过改变抽头的连接位置来改变，但是缺点是自耦变压器贵，易损坏，不允许频繁启动。

3. 星形—三角形（Y/△）降压启动控制电路

星形—三角形降压启动又称 Y/△ 降压启动（图 2-13）。它利用三相异步电动机在正常运行时定子绕组为三角形连接（△形），而在启动时先将定子绕组接成星形（Y形），使每相绕组承受的电压为电源的相电压（220V），降低启动电压，限制启动电流，待启动正常后再把定子绕组改接成三角形（△形），每相绕组承受的电压为电源的线电压（380V），正常运行。自动控制的电路中使用了时间继电器（KT）对电动机启动延时进行控制。时间继电器也称延时继电器，对其输入信号后，需要经过一段时间（延时），输出部分才会动作。时间继电器主要用于时间上的控制。

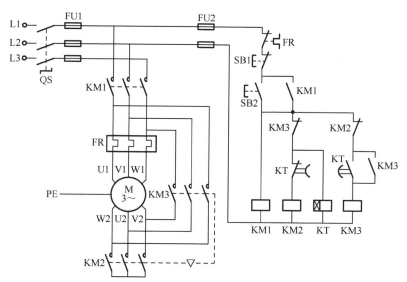

图 2-13　星形—三角形（Y/△）降压启动控制电路

（1）工作过程

如图 2-13 所示，电路的启动过程如下。

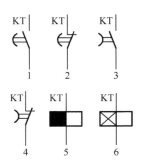

图 2-14 时间继电器图形符号

按下启动按钮 SB2，KM1 线圈得电自锁，KM2、KT 线圈得电，电动机 M 星形连接自锁，降压启动；KT 线圈得电，开始计时（启动时间），延时时间到，KT 动断触点延时断开，KM2 断电，星形连接断开；KT 动合触点延时闭合，KM3 通电，电动机 M 三角形连接自锁全压运行。

（2）时间继电器

时间继电器分为通电延时继电器和断电延时继电器。图形符号如图 2-14 所示，1—延时闭合瞬时断开动合触点，2—延时断开瞬时闭合动断触点，3—瞬时闭合延时断开动合触点，4—瞬时断开延时闭合动断触点，5—断电延时线圈，6—通电延时线圈。

2.2.2 三相绕线转子异步电动机降压启动控制电路

转子绕线式异步电动机可以通过电刷在转子绕组中串接外加电阻来减小启动电流，根据交流电动机的运转特性，当增大转子电路电阻时，其机械特性变软，在一定的负载转矩下转速下降，这样可以在一定范围内调节电动机的转速，而且在减小启动电流的同时可以获得较大的启动转矩。三相绕线型异步电动机结构简单，维护方便，调速和启动性能比笼型异步电动机优越，适用于不要求调速，但需要较大启动力矩和较小启动电流的场合。

1. 按时间原则控制

控制过程中选择时间作为变化参量进行控制的方式称为时间原则，如图 2-15 所示。

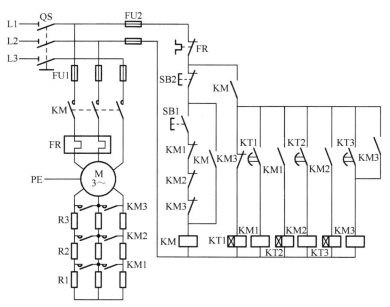

图 2-15 转子绕线式异步电动机时间原则控制电路

三相绕线型异步电动机为了运行平稳，分为三级控制，绕组串相同阻值的三级电阻，三个

时间继电器分别对 KM1、KM2、KM3 进行控制。合上 QS，按下 SB1，KM 吸合自锁后，KT1 得电，KT1 延时时间一到，KM1 吸合 R1 短路，增加绕组端电压；KT2 同时得电，KT2 延时时间一到，KM2 吸合 R2 短路；KT3 得电，KT3 延时时间一到，KM3 吸合自锁，R3 短路，三相绕线型异步电动机进入全压运行。

2. 按电流原则控制

控制过程中选择电流作为变化参量进行控制的方式称为电流原则，如图 2-16 所示。

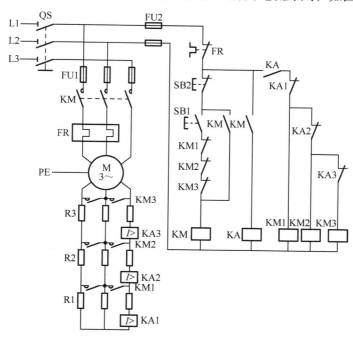

图 2-16　转子绕线式异步电动机电流原则控制电路

当按下启动按钮 SB1 后，电动机转子串入全部电阻（R1、R2、R3）启动，由于启动时转子电流较大，三个电流继电器 KA1、KA2、KA3 全部动作，它们串接在控制电路中的动断触点同时全部断开。KA1、KA2、KA3 调整释放电流参数不同，随着电动机的转速逐渐上升，转子电流逐渐减小，使三个电流继电器 KA1、KA2、KA3 依次释放，其动断触点依次闭合，控制 KM1、KM2、KM3 逐级短接转子电阻 R1、R2、R3。中间继电器 KA 起延缓作用，保证在三个电流继电器动作后才能接通 KM1、KM2、KM3 电路，防止在启动瞬间三个接触器直接通电。

3. 频敏变阻器控制电路

频敏变阻器是一种随电动机启动过程转速的升高（转子电流频率下降）而阻抗值自动下降的器件。它的阻值能随启动过程的进行自动而又平滑地减小，使启动过程能平滑地进行，如图 2-17 所示。

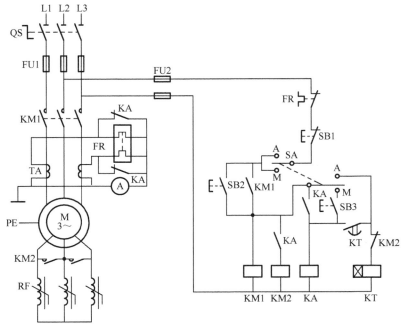

图 2-17　转子绕线式异步电动机串频敏变阻器启动控制电路

主电路在电动机定子电路接入电流互感器 TA、电流表 A、热继电器 FR 的发热元件和中间继电器 KA 的动断触点，是为了在正常运行时接入热继电器进行过载保护，而启动时发热元件被短接，防止误动作。电流表 A 经电流互感器串入电路，便于对电动机定子电流的测量。电动机转子电路接入频敏变阻器 RF，由接触器 KM2 主触点在启动完毕后将其短接。转换开关 SA 用于选择手动控制或自动控制。

转换开关 SA 用于自动控制时，接通 A，按下启动按钮 SB2 后，KM1 吸合，电动机转子串频敏变阻器 RF 启动，同时时间继电器 KT 得电，KT 延时时间一到，KA 吸合，KM2 吸合短接频敏变阻器 RF，进入正常运行状态。

转换开关 SA 用于手动控制时，接通 M，按下启动按钮 SB2 后，KM1 吸合，电动机转子频敏变阻器 RF 启动；启动时间一到，按下按钮 SB3，KA 吸合自锁，KM2 吸合短接频敏变阻器 RF，进入正常运行状态。

2.3　三相异步电动机调速控制电路

根据异步电动机的转速公式：$n = (1 - s)60f / p$，三相异步电动机的调速方法有下列三种：

① 改变异步电动机转差率 s 的调速。

② 改变异步电动机定子绕组磁极对数 p 的变极调速。

③ 改变电源频率 f 的变频调速。

2.3.1　电动机调速控制工作原理

1. 改变转差率调速

异步电动机的转矩与定子电压的平方成正比。因此，改变异步电动机的定子电压也就是改变电动机的转矩和机械特性，从而实现调速，这是一种比较简单的方法。特别是晶闸管技术的发展使应用交流调压的调速电路得到了广泛应用。

2. 变频调速

（1）基本原理

变频调速就是利用电动机的同步转速随电动机电源频率变化的特性，通过改变电动机的供电频率进行调速的方法。由异步电动机的转速公式可知，当磁极对数 p 不变时，电动机的转速与电源频率 f 成正比，同步转速随电源频率线性地变化，这就是变频调速的原理。

（2）变频调速的应用

交流异步电动机的变频调速以其高效的驱动性能和良好的控制特性已越来越受到重视，另外交流变频调速系统在节约能源方面有着很大的优势。

3. 改变磁极对数调速

按照三相异步电动机的工作原理，在电源频率恒定的前提下，异步电动机的同步转速与旋转磁场的磁极对数成反比，磁极对数增加一倍时，同步转速就下降一半，电动机转子的转速也近似下降一半。通过改变异步电动机旋转磁场磁极对数来改变其同步转速，即可以调节电动机的转速。

2.3.2　变磁极调速控制电路

按照三相异步电动机的工作原理，在电源频率恒定的前提下，异步电动机的同步转速与旋转磁场的磁极对数成反比，磁极对数增加一倍时，同步转速就下降一半，电动机转子的转速也近似下降一半。通过改变异步电动机旋转磁场磁极对数来改变其同步转速，即可以调节电动机的转速。

1. 双速异步电动机的定子绕组接线图分析

图 2-18（a）中电动机定子绕组接成三角形，这时 $p=2$，$n=1500\text{r/min}$，为低速运行；而在图 2-18（b）中电动机定子绕组接成 YY 形，这时 $p=1$，$n=3000\text{r/min}$，为高速运行。

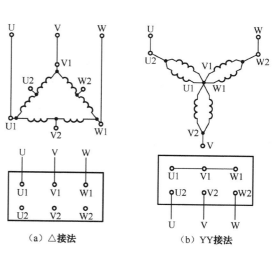

（a）△接法　　　（b）YY接法

图 2-18　双速异步电动机的定子绕组接线图

2. 双速异步电动机的调速控制电路

手动控制调速电路（图 2-19）的工作原理如下。

① 先合上电源开关 QS。

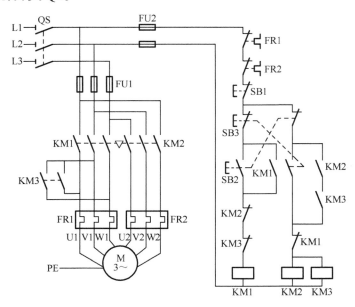

图 2-19 双速电动机手动控制调速电路

② 低速运转。

按下低速按钮 SB2 ⟶ KM1 线圈通电 ⟶
- KM1 自锁触头闭合自锁
- KM1 互锁触头分断，对 KM2、KM3 互锁
- KM1 主触头闭合 ⟶ 电动机绕组接成△形，低速运转

③ 高速运转。

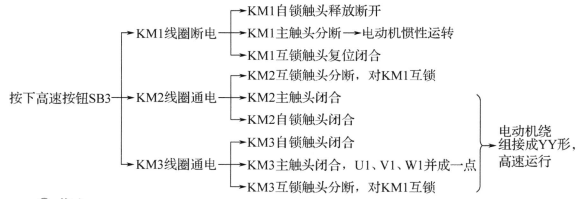

④ 停止。

按下 SB1，KM2、KM3 失电释放，电动机 M 断电停止。

自动控制调速电路（图 2-20）的工作原理如下。

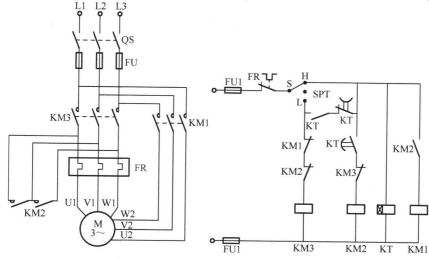

图 2-20　双速电动机自动控制调速电路

① 先合上电源开关 QS。

② 低速运转。

将开关扳到接通 L 位置，KM3 吸合，电动机绕组接成三角形，低速运行。

③ 高速运转。

将开关扳到接通 H 位置，KT 通电，瞬动触点 KT 闭合，接通 KM3 后吸合，电动机绕组接成三角形，低速启动运行。

KT 延时时间一到，切断 KM3，接通 KM2，再接通 KM1，电动机绕组接成双星形，高速运行。

④ 停止。

将开关扳到接通 SPT 位置，KM2、KM3 失电释放，电动机 M 断电停止。

2.4　三相异步电动机制动控制电路

电动机的制动控制是指在电动机的轴上加上一个与其旋转方向相反的转矩，使电动机减速或快速停止。根据产生制动力矩的方法，停车制动的方式有两大类——机械制动和电气制动。

2.4.1　三相异步电动机的机械制动装置

机械制动最常用的装置是电磁抱闸，它主要由制动电磁铁和闸瓦制动器两大部分组成，如图 2-21 所示。

电磁抱闸断电制动型电动机制动控制电路如图 2-22 所示。其基本原理是：制动电磁铁的电磁线圈（有单相和三相两种）与三相异步电动机的定子绕组相并联，闸瓦制动器的转轴与电动机的转轴相连。按下启动按钮 SB2，接触器 KM 线圈通电，其自锁触点和主触点闭合，电动机 M 得电。同时，抱闸电磁线圈通电，电磁铁产生磁场力吸合衔铁，带动制动杠杆动作，推动闸瓦松开闸轮，电动机启动运转。停车时，按下停车按钮 SB1，KM 线圈断电，电动机绕组和电磁抱闸线圈同时断电，电磁铁释放衔铁，弹簧的弹力使闸瓦紧紧抱住闸轮，电动机立即停止转动。

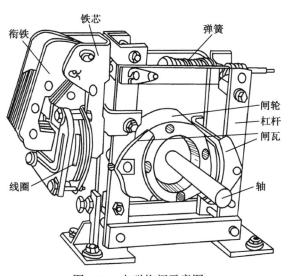

图 2-21　电磁抱闸示意图

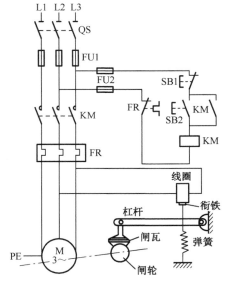

图 2-22　电磁抱闸断电制动型电动机制动控制电路

2.4.2　电气制动控制电路

1. 反接制动控制电路

反接制动实质上是在制动时通过改变异步电动机定子绕组中三相电源相序，产生一个与转子惯性转动方向相反的反向转矩来进行制动的。

（1）速度继电器原理

速度继电器是按照设定速度快慢而动作的继电器，速度继电器的转子与电动机的轴相连，当电动机正常转动时，速度继电器的动合触点闭合；当电动机停车，转速降低到接近临界值时，动合触点打开，切断接触器的线圈电路，防止电动机反向运行（图 2-23、图 2-24）。

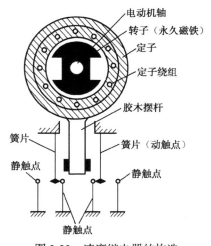

图 2-23　速度继电器的构造

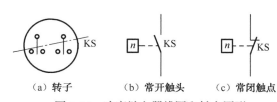

（a）转子　　　（b）常开触头　　　（c）常闭触点

图 2-24　速度继电器线圈和触点图形

继电器常用于三相异步电动机按速度原则控制的反接制动电路。

① 组成：转子（圆柱形永久磁铁）、定子（笼型空心圆环）、触点。

② 原理：电磁感应与鼠笼式异步机相似。转动时，笼型绕组感生电势，形成电流后受力而摆动，摆锤拨动触头系统工作。停转时（N=0），摆锤垂立，触头复位。型号有 JY1（复位转速为 100r/min）、JFZ0。

（2）反接制动控制电路

电路如图 2-25 所示。

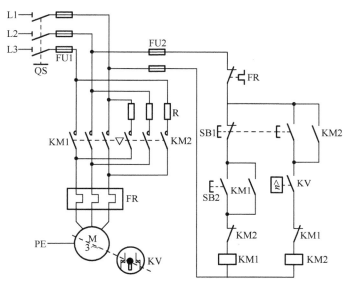

图 2-25 反接制动电路

电路的控制过程如下。

① 启动：

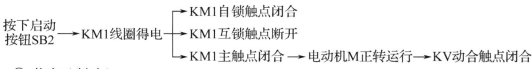

② 停车（制动）：

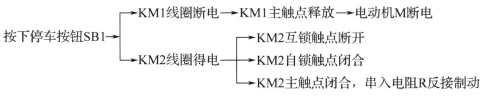

当电动机转速$n \approx 0$时 ━━➤ KV复位 ━━➤ KM2断电 ━━➤ 制动结束

2. 能耗制动控制电路

能耗制动就是在三相异步电动机脱离交流电源的同时在定子绕组通入直流电，产生一个静止磁场。此时电动机转子因惯性继续旋转切割磁场而在转子绕组中产生感应电流，又在磁场中

受电磁力的作用产生电磁转矩。这一转矩总是与电动机的旋转方向相反，起制动的作用。在制动的过程中，转子因惯性转动的动能转变成电能而消耗在转子电路中，所以称为"能耗"制动（图 2-26）。

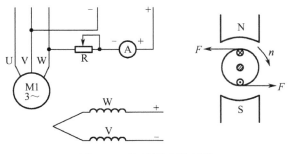

图 2-26　能耗制动原理图

（1）能耗制动的特点

能耗制动的特点是制动平稳，制动效果好，且电动机停转后不会反向启动。但需要提供制动用的直流电源，多通过整流器整流供电。

（2）能耗制动控制电路（图 2-27）

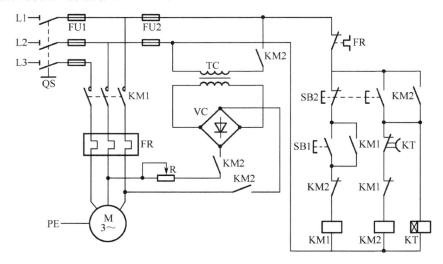

图 2-27　能耗制动控制电路

电路的工作过程如下。

① 启动过程：

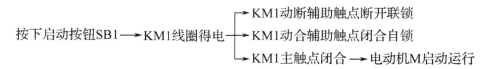

② 停机（制动）：

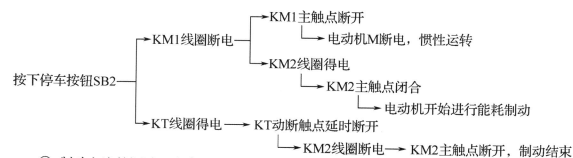

③ 制动电流的调试：在直流电制动原理电路中，制动电流的调试很重要，制动电流小，制动效果差；制动电流大，会烧坏绕组。每个电动机制动电流不同，如 Y-112M-4/4kW 的电动机所需制动电流为 14A，通过调整串接在整流输出端的可调电阻来调整制动电流，电流表串接在整流输出端。

2.5　直流电动机启动、制动控制线路

直流电动机通常以时间为变化参量分级启动，启动级数不宜超过三级。 他励、并励直流电动机启动控制时必须在施加电枢电压前，先接上额定的励磁电压。

原因如下。

① 保证启动过程中产生足够大的反电动势以减小启动电流。

② 保证产生足够大的启动转矩，加速启动过程。

③ 可避免由于励磁磁通为零而产生 "飞车" 事故。

1. 直流电动机启动控制线路

单向运行直流电动机启动控制线路采用电枢串电阻启动，启动完成再将电阻短路，进入全压运行，在励磁电路中串接中间继电器 KA2，防止失压；VD 用于断电后放电，如图 2-28 所示。

（1）励磁电路

合上 QS1、QS2，KA2 吸合，同时 KT1 通电，按下启动按钮 SB2，KM1 吸合且自锁，直流电动机启动，断开 KT1，KT1 为断电延时继电器，延时时间一到接通 KM2，短路电枢电阻 R1，同时短路 KT2，KT2 也为断电延时继电器，经延时接通 KM3，短路电枢电阻 R2，启动结束。

（2）断开电路

按压 SB1，KM1、KM2、KM3 同时断电失磁，直流电动机停止运行。

2. 直流电动机正反转控制

直流电动机转向控制有以下两种方法。

① 保持电动机励磁绕组端电压的极性不变，改变电枢绕组端电压的极性。

② 保持电枢绕组端电压极性不变，改变电动机励磁绕组端电压的极性。

直流电动机可逆运行启动控制电路如图 2-29 所示。

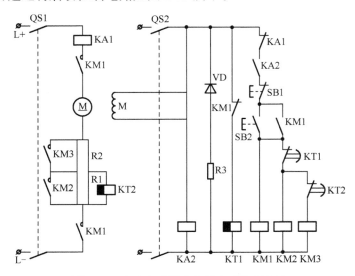

图 2-28　直流电动机串电阻启动控制电路

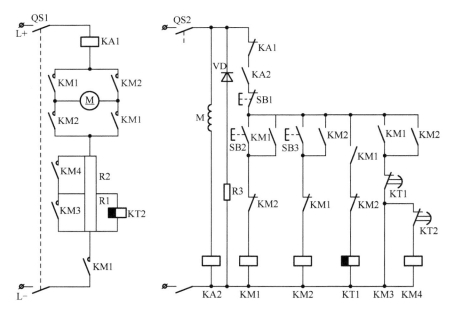

图 2-29　直流电动机可逆运行启动控制电路

（1）励磁电路（正转）

合上 QS1、QS2，KA2 吸合，按下启动按钮 SB2，KM1 吸合且自锁，直流电动机启动正转，同时 KT1 断电，延时时间一到接通 KM3，短路电枢电阻 R1，同时短路 KT2，KT2 为断电延时继电器，经延时接通 KM4，短路电枢电阻 R2，启动结束。

（2）励磁电路（反转）

合上 QS1、QS2，KA2 吸合，按下启动按钮 SB3，KM2 吸合且自锁，直流电动机启动反转，同时 KT1 断电，延时时间一到接通 KM3，短路电枢电阻 R1，同时短路 KT2，经延时接通 KM4，短路电枢电阻 R2，启动结束。

（3）断开电路

按下 SB1，KM1 或 KM2、KM3、KM4 同时断电失磁，直流电动机停止运行。

3. 直流电动机制动原理

直流电动机的电气制动方法有能耗制动、反接制动、再生发电制动等几种方式。

（1）能耗制动控制电路

图 2-30 为直流电动机单向运行能耗制动控制电路，KM1 为电源接触器，KM2、KM3 为启动接触器，KM4 为制动接触器，KA1 为过电流继电器，KA2 为欠电流继电器，KA3 为电压继电器，KT1、KT2 为时间继电器。

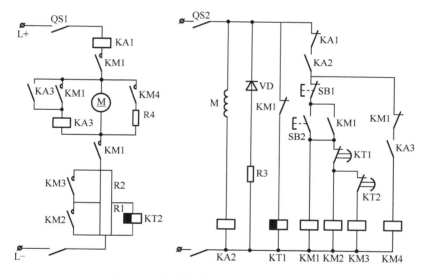

图 2-30　直流电动机能耗制动控制电路

① 启动电路。

合上 QS1、QS2，KA2 吸合，同时 KT1 通电，按下启动按钮 SB2，KM1 吸合且自锁，直流电动机启动，断开 KT1，KT1 为断电延时继电器，延时时间一到接通 KM2，短路电枢电阻 R1，同时短路 KT2，KT2 也为断电延时继电器，经延时接通 KM3，短路电枢电阻 R2；电动机在正常运行时，KA3 通电，其常闭触点闭合，为制动做准备。

② 制动。

按下停止按钮 SB1，KM1 线圈断电，切断电枢直流电源。此时电动机因惯性仍以较高速度运转，电枢两端仍有一定电压，KA3 保持通电，使 KM4 线圈保持通电，电阻 R4 并联于电枢两端，电动机实现能耗制动，转速急剧下降。当电枢电势降到一定值时，KA3 释放，KM4 断电，电动机能耗制动结束。

（2）反接制动控制电路

图 2-31 所示电路为一并励直流电动机可逆运行和反接制动控制电路。R1、R2 为启动电阻，R3 为制动电阻，R0 为电动机停车时励磁绕组的放电电阻，时间继电器 KT2 的延时时间大于时间继电器 KT1 的延时时间，KA 为电压继电器。

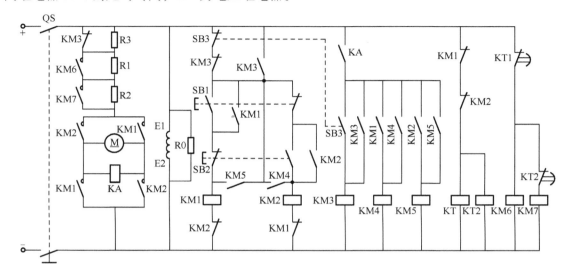

图 2-31　并励直流电动机可逆运行和反接制动控制电路

① 启动准备。

合上 QS，励磁绕组通电开始励磁，时间继电器 KT1、KT2 得电动作，延时闭合动断触点瞬时打开，断开 KM6、KM7 通路，电路进入准备工作状态。

② 正转。

按下 SB1，KM1 吸合自锁，主触点闭合接通直流电动机电枢回路，串电阻 R1、R2 进行两级启动；同时时间继电器 KT1、KT2 失电开始计时。延时结束，KT1 延时闭合的动断触点首先闭合，KM6 得电，短路 R1，然后 KT2 延时闭合的动断触点闭合，KM7 得电，短路 R2，电动机进入正常运行。此时电压继电器 KA 通电，其常开触点闭合接通 KM4，吸合自锁，为反接制动做准备。

③ 正转制动。

按下 SB3，KM1 断电。因为电动机惯性的作用，反电势很强，KA 保持通电，使 KM3 通电自锁，接通反转接触器 KM2，其触点给电枢接反向电流，串电阻 R3 进行反接制动。随速度的下降 KA 释放，KM3、KM4 和 KM2 均断电，反接制动结束，为下次启动做准备。

第 3 章

机械设备电气控制线路原理和故障分析

目前使用的机械设备品种繁多，拖动方式也各不相同，其控制线路不同，且比较复杂。本章通过分析一些典型的机械设备的控制线路，引导读者掌握分析电气控制线路的方法和步骤，培养读图能力；了解电气控制系统中机械和电气控制配合的积极意义，为电气控制的设计打下基础。

3.1　电气控制线路的读图方法

电气控制原理图主要包括主电路、控制电路和辅助电路三部分。阅读和分析电气原理图之前，必须了解设备的主要结构、运动形式、电力拖动形式、电动机和电气元件的分布情况及控制要求等内容。

3.1.1　电气控制原理图分析步骤

为了分析电气控制系统的工作原理，必须从电气控制原理图入手，根据运动形式的要求分析，有主有次，层层分析，先主电路后控制电路。

1. 分析主电路

从主电路入手，根据机械运动形式和要求对每台电动机和电磁阀等执行电器的动作要求去分析主电路的启动、方向控制、调速和制动等，对电动机绕组的接线方式进行分析。

2. 分析控制电路

根据每台电动机和电磁阀等执行电器的控制要求，逐一找出控制电路中的各个控制环节，依据电气控制线路的基本规律和知识，按功能不同划分成若干局部控制线路来进行分析。

分析控制电路的基本方法是查线读图法，其步骤如下。

① 从执行电器（电动机等）着手，从电路上看有哪些控制元件的触点，根据其组合规律分析控制方式。

② 在控制电路中由主电路控制元件的主触点的文字符号找到有关的控制环节及环节间的联系。

③ 从按下启动按扭开始，查对线路，观察元件的触点符号是如何控制其他控制元件动作的，再查看这些被带动的控制元件的触点是如何控制执行电器或其他元件动作的，并随时注意控制元件的触点状态变化使执行元件有何动作，进而驱动被控机械有何运动。

3. 分析辅助电路

这包括电源显示、工作状态显示、照明和故障报警等部分，大多由控制电路中的元件控制。

4. 分析联锁与保护环节

合理地选择拖动和控制方案，在控制线路中设置一系列电气保护和必要的联锁，有些控制系统有特殊保护要求。

5. 总体检查

用"集零为整"方法检查整个控制线路。

3.1.2 电气控制原理图读图举例

机械设备的电气控制系统及原理与其设备的结构及运动形式密不可分，只有熟悉了设备的运动规律、加工工艺要求才能对电气原理深入分析和了解，所以分析电气控制系统的工作原理的第一步是了解设备的结构和运动形式及拖动方式。以 C620—1 型卧式车床为例进行如下分析。

1. C620—1 型卧式车床电气控制系统分析

主要结构、运动形式、电力拖动形式及控制要求如下。

① 结构：主要由床身、主轴变速箱、进给箱、溜板箱、溜板、丝杠和刀架等组成。

② 运动形式：车削加工的主运动是主轴通过卡盘或顶尖带动工件旋转运动，机床的其他进给运动是由主轴带动的。

③ 电力拖动系统：有两台电动机，主轴电动机带动主轴旋转，另一台是冷却泵电动机，用于车削工件时输送冷却液。两台电动机都是笼型异步电动机。机床要求两台电动机单向运动，且采用全压直接启动。

④ 控制线路：由主电路、控制电路、照明电路等部分组成。

2. C620—1 型卧式车床电气原理图分析

1）主电路分析（图 3-1）

C620—1 型卧式车床电动机电源采用 380V 的交流电源，由组合开关 QS1 引入。主电动机 M1 的启停由 KM1 的主触点控制，主轴通过摩擦离合器实现正反转；主电动机启动后，才能启动电动机 M2，是否需要冷却，由组合开关 QS2 控制。熔断器 FU1 为电动机 M2 提供短路保护。热继电器 FR1 和 FR2 为电动机 M1 和 M2 提供过载保护，它们的动断触点串联后接在控制电路中。

2）控制电路分析

该机床的控制电路是一个单方向启停的典型电路，有自锁环节。

（1）主电机的控制过程

合上电源开关 QS，按下启动按扭 SB1，KM 线圈通电，铁芯吸合，KM 三个触点吸合，电动机 M1 运转；同时并联在 SB1 两端的 KM 辅助触点吸合，实现自锁。按下停止按扭 SB2，KM 断电释放，KM 三个触点断开，M1 停转。

（2）冷却泵电动机的控制过程

主电机 M1 启动后，合上 QS2，电动机 M2 得电启动。断开 QS2，电动机 M2 停转；或 M1 停止，M2 停转。

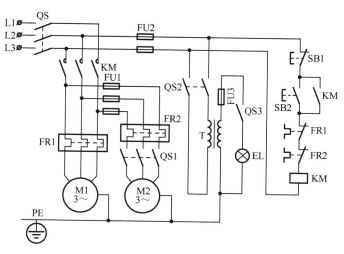

图 3-1　C620—1 型卧式车床电气原理图

（3）保护环节

电动机对应的热继电器为控制电路提供过载保护，FU2 用于控制电路的短路保护，由接触器 KM 来完成控制电路的失压和欠压保护。

（4）辅助电路分析

C620—1 型卧式车床的辅助电路主要是照明电路。照明由变压器 T 将交流 380V 转变为 36V 的安全电压供电，FU3 用于短路保护，QS3 为照明电路的电源开关，合上开关 QS3，照明灯 EL 亮。照明电路必须接地，以确保人身安全。

3.2　CW6140 型车床电气控制线路

CW6140 型车床是一种应用极为广泛的金属切削通用机床，主要用于车削外圆、端面、螺纹和成形表面，也可通过尾架进行钻孔和绞孔等加工，它的加工范围广但自动化程度不高，适用于小型加工机械。

3.2.1　车床的主要结构及运动形式

1. 主要结构

CW6140 型车床主要由床身、主轴变速箱、进给箱、溜板箱、溜板与刀架、尾架、主轴、丝杠与光杠等组成（图 3-2）。

2. 运动形式

机床的主运动是主轴的旋转运动，是由主轴电动机 M1 通过带轮传动到主轴箱再旋转的。主轴的控制是由床身前面的手柄操纵专用转阀，通过液压装置分别控制主轴的正转、反转及停车制动。

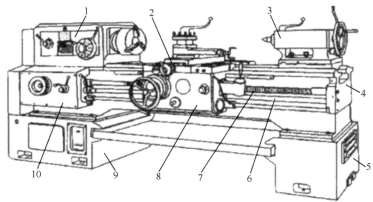

1—主轴箱；2—刀架；3—尾架；4—床身；5、9—床腿；6—光杠；7—丝杠；8—溜板箱；10—进给箱

图 3-2 CW6140 型车床结构图

3. 电力拖动特点及控制要求

从车削工艺要求出发，机床共设有两台电动机，其中 M1 是主轴电动机，带动主轴做旋转运动，完成主运动和进给运动，要求实现正反转运动和降压启动；M2 是冷却液泵电动机，用于车削工件时输送冷却液。同时，机床还必须具有工作照明及电源和工作指示。

3.2.2 CW6140 型车床电气控制线路分析

1. 主电路

如图 3-3 所示，机床电源采用三相 380V 的交流电源，由电源开关 QS1 引入，并有保护接零措施。电动机 M1、M2 的短路保护由熔断器 FU1 来实现，且电动机 M1 与 M2 的过载保护由各自的热继电器 FR1 与 FR2 来实现。

2. 控制电路

控制电路采用交流接触器 KM 作为执行元件，可以实现欠压和失压保护。转动 QS1 转换开关接通电源。转动 SA2，101-102 接通，36V 指示灯亮，指示电源带电。转动 SA1 组合开关，使 3-4 接通。KA 线圈得电吸合，3-4 触点自锁使 4 号线带电。KA 为零压保护继电器，其作用是防止在电源中断又恢复后，电动机重新自行启动危及人身安全。右转 SA1，使 SA1 的 3-4 点断开，同时 4-5 点接通。KM1 接触器线圈得电吸合，4-9 线接通，9-13-14 线使 KM4 带电吸合，9-12 线使 KT 时间继电器同时得电。

3. 原理分析

（1）启动过程

在主线路中，KM1、KM4 触点吸合，电动机 M1 星形启动。一定时间后，KT 的 13-14 触点断开，KM4 线圈断电，电动机退出星形连接。同时 10-11 时间继电器触点合上，KM3 得电吸合，使主电路 KM3 触点吸合，完成正转星-三角启动（图 3-3）。

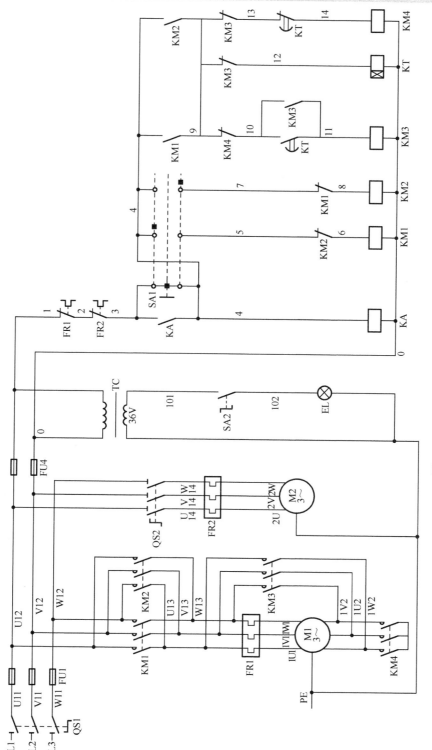

图3-3 CW6140型普通车床电气控制线路

（2）互锁与保护

（5-6）KM2 触点与（7-8）KM1 触点为一对互锁触点，（9-10）KM4 触点与（9-13）KM3 触点为一对互锁触点。FR1、FR2 为过载保护热继电器。

（3）反转控制

反转时的星–三角启动过程：左转 SA1，4-5 断，KM1 线圈断电，电动机停止。同时 4-7 通，KM2 接触器线圈带电，主触点吸合换相。4-9 接通，时间继电器 KT、接触器 KM4 得电，电动机星形启动，一定时间后，时间继电器触点动作，KM4 线圈断电，电动机退出星形连接，KM3 接通完成反转状态的星–三角启动，转动 QS2 接通或断开控制，M2 电动机转动停止。

3.3　Z3050 型摇臂钻床电气控制线路

Z3050 型摇臂钻床是具有广泛用途的万能机床，适用于大、中型零件的钻孔、扩孔、绞孔及钻螺纹等加工，在有工艺装备的条件下还可进行镗孔，是一个通用化程度较高的机床设备。它具有以下特点：

① 采用液压预选变速机构，可节约辅助时间；
② 主轴有正转、停车、变速、空挡等动作，用一个手柄控制，操作轻便；
③ 主轴箱、内外立柱、摇臂采用液压驱动的菱形块压紧机构，夹紧可靠；
④ 有完善的安全保护装置和外柱防护；
⑤ 安全、可靠，寿命长，维修方便。

3.3.1　Z3050 型摇臂钻床的主要结构及运动形式

1. 主要结构

Z3050 型摇臂钻床的主要由底座、内立柱、外立柱、摇臂、主轴箱、工作台组成，如图 3-4 所示。内立柱固定在底座上，在它外面套着空心的外立柱，外立柱可绕着内立柱回转一周，摇臂一端的套筒部分与外立柱滑动配合，借助于丝杠，摇臂可沿着外立柱上下移动，但两者不能做相对转动，所以摇臂将与外立柱一起相对内立柱回转。主轴箱是一个复合的部件，它具有主轴及主轴旋转部件和主轴进给的全部变速和操纵结构。主轴箱可沿着摇臂上的水平导轨做径向移动。当进行加工时，可利用特殊的夹紧机构将外立柱紧固在内立柱上，摇臂紧固在外立柱上，主轴箱紧固在摇臂导轨上，然后进行钻削加工。

2. 运动形式

主轴转动由主轴电动机驱动。通过主轴箱内的主轴、进给变速传动机构及正反转摩擦离合器和操纵机构（安装在主轴箱下端的操纵手柄、手轮），能实现主轴正反转、停车（制动）、变速、进给、空挡等控制。同时，主轴可随主轴箱沿摇臂上的水平导轨做手动径向移动。摇臂升降由摇臂升降电动机驱动。同时，摇臂与外立柱一起相对内立柱还能做手动 360° 回转。机床加工时，对主轴箱、摇臂及内、外立柱的夹紧由液压泵电动机提供动力，它采用液压驱动的菱

形块夹紧机构，夹紧可靠。

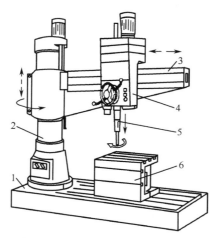

1—底座；2—内立柱；3—摇臂；4—主轴箱；5—外立柱；6—工作台

图 3-4　Z3050 型摇臂钻床结构示意图

3. 摇臂钻床的电力拖动特点及控制要求

由于摇臂钻床的运动部件较多，为简化传动装置，使用多电动机拖动，主电动机承担主钻削及进给任务，摇臂升降、夹紧放松和冷却泵各用一台电动机拖动。为了适应多种加工方式的要求，主轴及进给应在较大范围内调速。但这些调速都是机械调速，用手柄操作变速箱调速，对电动机无任何调速要求。从结构上看，主轴变速机构与进给变速机构应该放在一个变速箱内，而且两种运动由一台电动机拖动是合理的。加工螺纹时要求主轴能正反转。摇臂钻床的正反转一般用机械方法实现，电动机只需要单方向旋转。摇臂升降由单独的电动机拖动，要求能正反转。摇臂的夹紧与放松以及立柱的夹紧与放松由一台异步电动机配合液压装置来完成，要求这台电动机能正反转。摇臂的回转和主轴箱的径向移动在中小型摇臂钻床上都采用手动。加工时，为对刀具及工件进行冷却，须由一台冷却泵电动机拖动冷却泵输送冷却液。

3.3.2　Z3050 型摇臂钻床电气控制线路分析

1. 主电路

Z3050 型摇臂钻床共有四台电动机，除冷却电动机采用开关直接启动外，其余三台异步电动机均采用接触器直接启动。M1 是主电动机，由接触器 KM1 控制。热继电器 FR1 是过载保护元件。M2 是摇臂升降电动机，用接触器 KM2 和 KM3 控制其正反转。因该电动机短时工作，故不设过载保护。M3 是液压泵电动机，做正反向转动。正反向的启动和停止由接触器 KM1 和 KM2 控制。FR2 是液压泵电动机的过载保护电器，该电动机的主要作用是供给夹紧装置压力油，实现摇臂和立柱的夹紧和松开。M4 是冷却泵电动机。

2. 控制电路

1）主轴电动机 M1 的控制

按启动按钮 SB3，KM1 吸合自锁，M1 启动运行。按 SB2，KM1 释放，M1 停止转动。

2）摇臂升降控制

（1）摇臂上升

按上升按钮 SB4，则时间继电器 KT 通电吸合，它的瞬时闭合的动合触头（17 区）闭合，接触器 KM4 线圈通电，液压泵电动机 M3 启动正向旋转，供给压力油。压力油经分配阀体进入摇臂的"松开油腔"推动活塞移动，活塞推动菱形块，将摇臂松开。同时，活塞杆通过弹簧片位置开关 SQ2，使其动断触点断开，动合触点闭合。前者切断了接触器 KM4 的线圈电路，KM4 主触头断开，液压泵电动机停止工作。后者使交流接触器 KM2 的线圈通电，主触头接通 M2 的电源，摇臂升降电动机启动正向旋转，带动摇臂上升。如果此时摇臂尚未松开，则位置开关 SQ2 常开触头不闭合，接触器 KM2 就不能吸合，摇臂就不能上升。当摇臂上升到所需位置时，松开按钮 SB4，则接触器 KM2 和时间继电器 KT1 同时断电释放，M2 停止工作，随之摇臂停止上升。由于时间继电器 KM1 断电释放，经 1~3s 时间延时后，其延时闭合的常闭触点（18 区）闭合，使接触器 KM5 吸合，液压泵电动机 M3 反方向旋转，随之泵内压力油经分配阀进入摇臂的"夹紧油腔"，摇臂夹紧。在摇臂夹紧的同进，活塞杆通过弹簧片使位置开关 SQ3 的动断触点断开，KM5 断电释放，最终停止 M3 工作，完成摇臂的松开→上升→夹紧的整套动作。

（2）摇臂下降

按下降按钮 SB5，则时间继电器 KT 通电吸合，其常开触头闭合，接通 KM4 线圈电源，液压泵电动机 M3 启动正向旋转，供给压力油。与前面叙述的过程相似，先使摇臂松开，接着压动位置开关 SQ2。其常闭触头断开，使 KM4 断电释放，液压泵电动机停止工作；其常开触头闭合，使 KM3 线圈通电，摇臂升降电动机 M2 反方向运行，带动摇臂下降。当摇臂下降到所需位置时，松开按钮 SB5，则接触器 K M3 和时间继电器 KT1 同时断电释放，M2 停止工作，摇臂停止下降。由于时间继电器 KT1 断电释放，经 1～3s 时间延后，其延时闭合的常闭触头闭合，KM5 线圈获电，液压泵电动机 M3 反方向旋转，随之摇臂夹紧。在摇臂夹紧的同时，使位置开关 SQ3 断开，KM5 断电释放，最终停止 M3 工作，完成了摇臂的松开→下降→夹紧的整套动作。

组合开关 SQ1a 和 SQ1b 用来限制摇臂的升降超程。当摇臂上升到极限位置时，SQ1a 动作，接触器 KM2 断电释放，M2 停止运行，摇臂停止上升；当摇臂下降到极限位置时，SQ1b 动作，接触器 KM3 断电释放，M2 停止运行，摇臂停止下降。

摇臂的自动夹紧由位置开关 SQ3 控制。如果液压夹紧系统出现故障，不能自动夹紧摇臂，或者由于 SQ3 调整不当，在摇臂夹紧后不能使 SQ3 的常闭触头断开，都会使液压泵电动机长期过载运行而损坏。为此，电路中设有热继电器 FR2，其整定值应根据液压泵电动机 M3 的额定电流进行调整。

摇臂升降电动机的正反转控制继电器不允许同时得电动作，以防止电源短路。为避免因操作失误等原因而造成短路，在摇臂上升和下降的控制线路中采用了接触器的辅助触头互锁和复合按钮互锁两种保证安全的方法，确保电路安全工作。

3）立柱和主轴箱的夹紧与松开控制

立柱和主轴箱的松开（或夹紧）既可以同时进行，也可以单独进行，由转换开关 SA1 和复合按钮 SB6（或 SB7）进行控制。SA1 有三个位置。扳到中间位置时，立柱和主轴箱的松开（或夹紧）同时进行；扳到左边位置时，立柱夹紧（或放松）；扳到右边位置时，立柱夹紧（或放松）。复合按钮 SB6 是松开控制按钮，SB7 是夹紧控制按钮。

4）液压系统工作原理

如图 3-5 所示，当按上升按钮 SB4 或下降按钮 SB5 后，时间继电器 KT 通电吸合，它的瞬时闭合的动合触头（17 区）闭合，接触器 KM4 线圈通电的同时电磁铁 YA 得电，液压泵电动机 M3 旋转供给压力油，压力油流向如图 3-6（b）所示。压力油经 2 位 6 通阀进入摇臂松开油腔，推动活塞和菱形块，使摇臂松开，松开到位压限位开关 SQ2，限位开关的动断触点断开，KM4 断电释放，电动机 M3 停转。同时 SQ2 的动合触点闭合，接触器 KM2 得电吸合，摇臂升降电动机 M2 启动运转，带动摇臂上升。当摇臂上升到位时，KM2 和 KT 失电，M2 停转，摇臂停止上升。KT 的动断触点延时后闭合，使 KM5 得电吸合，电动机 M3 反转，供给压力油，压力油经 2 位 6 通阀进入摇臂夹紧油腔，反方向推动活塞和菱形块，将摇臂夹紧。摇臂夹紧后，压限位开关 SQ3 的常闭触点断开，使接触器 KM5 和电磁铁 YA 失电，YA 复位，液压泵电动机 M3 停转。

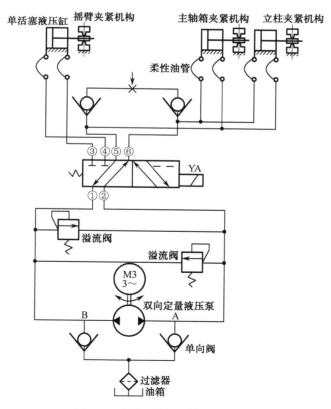

图 3-5　夹紧、放松机构液压系统

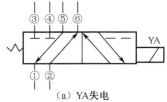
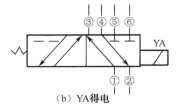

（a）YA失电　　　　　　　　　　　　（b）YA得电

图 3-6　放松、夹紧状态

3. 原理分析

① 按 SB2，KM1 线圈得电吸合且自锁，M1 电动机启动；按 SB1 则停机（图 3-7）。

② 按下 SB3 不松开，KT 线圈得电吸合，KT 触点所接 14-15 端子马上接通。KT 延时断开触点 5-20 端子也马上接通，而延时闭合触点处 17-18 端子马上断开。KM4 线圈得电，M3 电动机正转。机构放松触碰行程开关 SQ2，7-14 断开，KM4 线圈断电，M3 电动机停止。SQ₂ 常开触点闭合 7-9 通，电流经 5-6-7-9-10-11 送电，KM2 线圈得电吸合，M2 电动机正转启动。同时因按 SB3 时 5-6 通而 9-12 断开，所以 KM3 不会得电吸合。

③ 松开 SB3，KT、KM2 均失电，M2 电动机停止。

④ 由于 KT 时间继电器是断电延时型，KT 失电后 14-15 触点马上断开，而 5-20 触点延时几秒后断开，YA 灯灭。17-18 触点延时几秒后闭合（此时 KM4 已断电互锁，18-19 触点已复位）。电流经 5-QS3 触点-17-18-19，KM5 线圈吸合。此时 M3 电动机马上反转启动。另外，由于 KT 触点 5-20 断开，而在 KM5 线圈得电吸合时，22-20 触点又接通，所以 YA 灯又亮了。

⑤ 压下 SQ3 行程开关，KM5 断电，22-20 断，YA 灯熄灭，电动机 M3 停止。

⑥ 按下 SB4 不放手，5-8 通，9-10 断，经 5-8-7，KT 线圈得电吸合，使 14-15 通。KT 触点 5-20 也马上通，使 YA 灯亮。KT 触点 17-18 马上断。14-15 通后，经 5-8-7-14-15-16，KM4 线圈得电吸合，使电动机 M3 正转。

⑦ 此时扳动行程开关 SQ2，7-14 断开，使 KM4 断电 M3 停止。而由于扳动 QS2，7-9 通，电流经 5-8-7-9-12-18，KM3 线圈得电吸合，M2 反转。

⑧ 松开 SB4 按钮，5-8 断，KT、KM3 线圈均失电，M2 停止。

⑨ 由于 KT 为断电延时型，所以几秒后，KT 触点 5-20 断开，YA 灭。KT 触点 17-18 闭合，电流经 5-SQ3-17-18-19，KM5 线圈吸合，M3 反转启动运行。KM5 线圈吸合后，KM5 触点 22-20 闭合，电流经 5-21-22-20，YA 通电亮。

⑩ 扳动 SQ3 行程开关，KM5 线圈失电。电动机 M3 停止，灯 YA 灭。

⑪ 按动 SB5，KM4 线圈得电吸合，M3 电动机正转，但它的前提条件是 SQ3 必须断，否则一通电 KM5 就会动作吸合，互锁点（15-16）KM5 会切断 KM4 线圈电路。

⑫ 松开 SB5 后，按 SB6，（如果 SQ3 已断开）那么电流经 5-17-18-19，KM5 线圈吸合。此时，21-22 断开，YA 不亮，只有 KM5 触点动作，电动机 M3 反转。

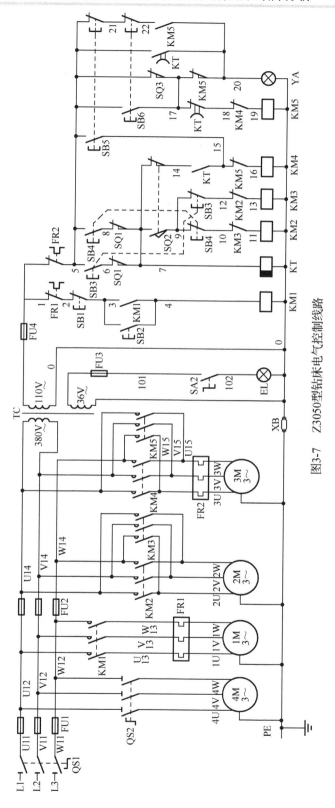

图3-7　Z3050型钻床电气控制线路

3.4 T68 型卧式镗床控制线路

镗床也是用于孔加工的机床，与钻床比较，镗床主要用于加工精确的孔和各孔间的距离要求较精确的零件，如一些箱体零件（机床主轴箱、变速箱等）。镗床的加工形式主要是用镗刀镗削在工件上已铸出或已粗钻的孔，除此之外，大部分镗床还可以进行铣削、钻孔、扩孔、铰孔等加工。镗床的主要类型有卧式镗床、坐标镗床、金刚镗床和专用镗床等，其中以卧式镗床应用最广。本节介绍 T68 型卧式镗床的电气控制电路。

3.4.1 T68 型卧式镗床的主要结构及运动形式

1. 主要结构

T68 卧式镗床主要由床身、前立柱、镗头架、工作台、后立柱和尾架等组成。床身是一个整体的铸件，在它的一端固定有前立柱，在前立柱垂直导轨上装有镗头架，镗头架可沿导轨上下移动。镗头架里集中地装有主轴部分、变速箱、进给箱与操纵机构等部件。切削刀固定在镗轴前端的锥形孔里，或装在花盘的刀具溜板上。在工作过程中，镗轴一边旋转，一边沿轴向做进给运动。而花盘只能旋转，装在其上的刀具溜板则可做垂直于主轴轴线方向的径向进给运动。镗轴和花盘主轴通过单独的传动链传动，因此它们可以独立转动。

后立柱的尾架用来支持装夹在镗轴上的镗杆末端，它与镗头架同时升降，保证两者的轴心始终在同一直线上。后立柱可沿着床身导轨在镗轴的轴线方向调整位置。安装工件用的工作台安置在床身中的导轨上，它由下溜板、上溜板和可转动的工作台组成。工作台可在平行于（纵向）与垂直于（横向）镗轴轴线的方向上移动。

2. T68 型卧式镗床的运动方式

卧式镗床的典型加工方法如图 3-8 所示，图 3-8（a）为用装在镗轴上的悬伸刀杆镗孔，由镗轴的轴向移动进行纵向进给；图 3-8（b）为利用后支承架支承的长刀杆镗削同一轴线上的前后两孔，图 3-8（c）为用装在平旋盘上的悬伸刀杆镗削较大直径的孔，两者均由工作台的移动进行纵向进给；图 3-8（d）为用装在镗轴上的端铣刀铣削平面，由主轴箱完成垂直进给运动；图 3-8（e）、（f）为用装在平旋盘刀具溜板上的车刀车削内沟槽和端面，均由刀具溜板移动进行径向进给。

主运动：镗轴的旋转运动与花盘的旋转运动。

进给运动：

① 镗轴的轴向进给运动。

② 平旋盘上刀具溜板的径向进给运动。

③ 主轴箱的垂直进给运动。

④ 工作台的纵向和横向进给运动。

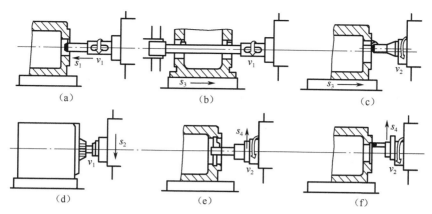

图 3-8 卧式镗床的典型加工方法

辅助运动：

① 主轴箱、工作台等的进给运动上的快速调位移动。

② 后立柱的纵向调位移动。

③ 后支承架与主轴箱的垂直调位移动。

④ 工作台的转位运动。

3. 电力拖动特点及控制要求

镗床（图 3-9）的工艺范围广，因而它的调速范围大，运动多，其电力拖动特点如下。

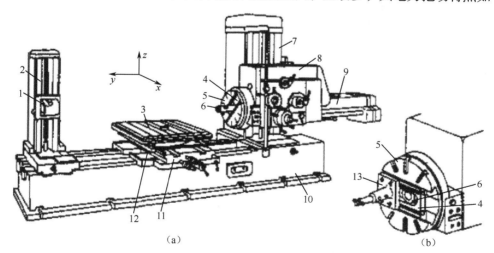

1—支架；2—后立柱；3—工作台；4—径向刀架；5—平旋盘；6—慢轴；7—前立柱；

8—主轴箱；9—后尾筒；10—床身；11—下滑座；12—上滑座；13—刀座

图 3-9 T68 型卧式镗床结构图

① 为适应各种工件加工工艺的要求，主轴应在大范围内调速，多采用交流电动机驱动的滑移齿轮变速系统，目前国内有采用单电动机拖动的，也有采用双速或三速电动机拖动的。后

者可精简机械传动机构。由于镗床主拖动要求恒功率拖动，所以采用"△—YY"双速电动机。高低速的变换由主轴孔盘变速机构内的行程开关 SQ7 控制，其动作说明见表 3-1。

表 3-1　主轴电动机高、低速变换行程开关动作

触点　　　　　　　位置	主电动机低速	主电动机高速
SQ7（11-12）	断开	闭合

② 由于采用滑移齿轮变速，为防止顶齿现象，要求主轴系统变速时做低速断续冲动，变速完成后恢复运行。主轴变速时由行程开关 SQ3 和 SQ5 带动电动机缓慢转动，进给变速时由行程开关 SQ4 和 SQ6 以及速度继电器 KS 完成，见表 3-2。

表 3-2　主轴变速和进给变速时行程开关动作

触点　　　　位置	变速孔盘拉出时（变速时）	变速后变速孔盘推回	触点　　　　位置	变速孔盘拉出时（变速时）	变速后变速孔盘推回
SQ3（4-9）	—	+	SQ4（9-10）	—	+
SQ3（3-13）	+	—	SQ4（3-13）	+	—
SQ5（15-14）	+	—	SQ6（15-14）	+	—

③ 为适应加工过程中调整的需要，要求主轴可以正、反点动调整，这是通过主轴电动机低速点动来实现的。同时还要求主轴可以正、反向旋转，这是通过主轴电动机的正、反转来实现的。

④ 主轴电动机低速时可以直接启动，在高速时控制电路要保证先接通低速，经延时再接通高速以减小启动电流。

⑤ 主轴要求快速而准确地制动，所以必须采用效果好的停车制动。卧式镗床常用反接制动（也有的采用电磁铁制动）。

⑥ 由于进给部件多，快速进给用另一台电动机拖动。

3.4.2　T68 型卧式镗床电气控制线路分析

T68 型卧式镗床电气原理如图 3-10 所示。

1. 主电路

T68 型卧式镗床共由两台三相异步电动机驱动，即主拖动电动机 M1 和快速移动电动机 M2。熔断器 FU1 作为电路总的短路保护，FU2 作为快速移动电动机和控制电路的短路保护。M1 设置热继电器作为过载保护，M2 是短期工作，所以不设置热继电器。M1 用接触器 KM1 和 KM2 控制正反转，接触器 KM3、KM4 和 KM5 做三角形-双星形变速切换。M2 用接触器 KM6 和 KM7 控制正反转。

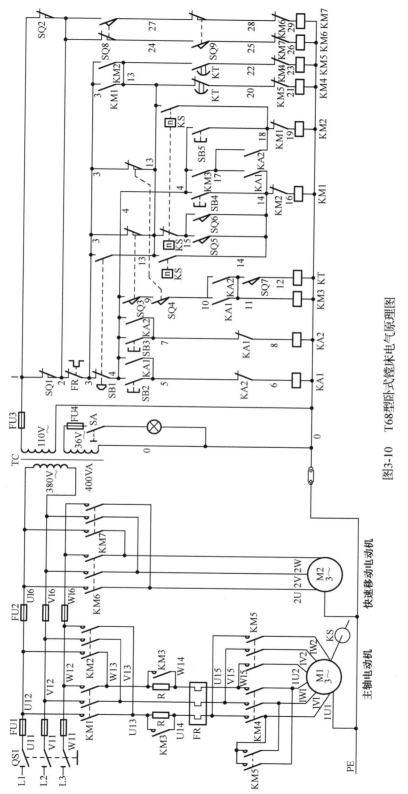

图3-10 T68型卧式镗床电气原理图

2. 控制电路

1）主轴电动机 M1 的控制

（1）主轴电动机的正反转控制

按下正转启动按钮 SB2，中间继电器 KA1 线圈获电吸合，KA1 常开触头（12 区）闭合，接触器 KM3 线圈得电（此时位置开关 SQ3 和 SQ4 已被操纵手柄压合），KM3 主触头闭合，将制动电阻 R 短接，而 KM3 常开辅助触头（19 区）闭合，接触器 KM1 线圈获电吸合，KM1 主触头闭合，接通电源。KM1 的常开触头（22）闭合，KM4 线圈获电吸合，KM4 主触头闭合，电动机 M1 接成△正向启动，空载转速为 1500r/min。反转时只需要按下反转启动按钮 SB3，动作原理同上，所不同的是中间继电器 KA2 和接触器 KM2 线圈获电吸合。

（2）主轴电动机的点动控制

按下正向点动按钮 SB4，接触器 KM1 线圈获电吸合，KM1 常开触头（22 区）闭合，接触器 KM4 线圈获电吸合。这样，KM1 和 KM4 的主触头闭合，便使电动机 M1 接成△并串电阻 R 点动。同理，按下反向点动按钮 SB5，接触器 KM2 和 KM4 线圈获电吸合，M1 反向点动。

（3）主轴电动机 M1 的停车制动

假设电动机 M1 正转，当速度达到 120r/min 以上时，速度继电器 SR2 常开触头闭合，为停车制动做好准备。若要 M1 停车，就按 SB1，则中间继电器 KM1 和接触器 KM3 断电释放，KM3 常开触头（19 区）断开，KM1 线圈断电释放，KM4 线圈也断电释放，由于 KM1 和 KM4 主触头断开，电动机 M1 断电做惯性运转。紧接着，接触器 KM2 和 KM4 线圈获电吸合，KM2 和 KM4 主触头闭合，电动机 M1 串电阻 R 反接制动。当转速降至于 120r/min 以下时，速度继电器 SR2 常开触头（21 区）断开，接触器 KM2 和 KM4 断电释放，停车反接制动结束。如果电动机 M1 反转，当速度达到 120r/min 以上时，速度继电器 SR1 常开触头闭合，为停车制动做好准备。以后的动作过程与正转制动时相似，读者可自行分析。

（4）主轴电动机 M1 的高、低速控制

若选择电动机 M1 在低速（△接法）运行，可通过变速手柄使变速行程开关 SQ（13 区）处于断开位置，相应的时间继电器 KT 线圈断电，接触器 KM5 线圈也断电，电动机 M1 只能由接触器 KM4 接成△连接。如果需要电动机在高速运行，应首先通过变速手柄使限位开关 SQ 压合，然后按正转启动按钮 SB2（或反转启动按钮 SB3），KM1 线圈（反转时应为 KA2 线圈）获电吸合，时间继电器 KT 和接触器 KM3 线圈同时获电吸合。由于 KT 两副触头延时动作，故 KM4 线圈先获电吸合，电动机 M1 接成△低速启动，以后 KT 的常闭触头（22 区）延时断开，KM4 线圈断电释放，KT 的常开触头（23 区）延时闭合，KM5 线圈获电吸合，电动机 M1 连接成 YY，以高速运行。

2）主轴变速及进给变速控制

本机床主轴的各种速度是通过变速操纵盘以改变传动比来实现的。如果主轴在工作过程中欲变速，不必按停止按钮，而可直接进行变速。设 M1 原来运行在正转状态，速度继电器 KS 早已闭合。将主轴变速操纵盘的操作手柄拉出，与变速手柄有机械联系的行程开关 SQ3 不再

受压而断开，KM3 和 KM4 线圈先后断电释放，电动机 M1 断电，由于行程开关 SQ3 常闭触头闭合，KM2 和 KM4 线圈获电吸合，电动机 M1 串接电阻 R，反接制动等速度继电器常开触头断开，M1 停车，便可转动变速操纵盘进行变速。变速后，将变速手柄推回原位，SQ3 重新压合，接触器 KM3、KM1 和 KM4 线圈获电吸合，电动机 M1 启动，主轴以新选定的速度运转。

变速时，若因齿轮卡住手柄推不上，此时变速冲动行程开关 SQ6 被压合，速度继电器的常闭触头 SQ2 已恢复闭合，接触器 KM1 线圈获电吸合，电动机 M1 启动。当速度高于 120r/min 时，SR2 常闭触头又断开，KM1 线圈断电释放，电动机 M1 又断电，当速度降到 120r/min 时，SR2 常闭触头又闭合了，从而又接通低速旋转电路而重复上述过程。这样，主轴电动机就被间歇地启动和制动而低速旋转，以便齿轮顺利啮合。直到齿轮啮合好，手柄推上后，压下行程开关 SQ3，松开 SQ6，将冲动电路切断。同时，由于 SQ3 的常开触头闭合，主轴电动机启动旋转，从而使主轴获得所选定的转速。进给变速的操作和控制与主轴变速的操作和控制相同。只是在进给变速时，拉出的操作手柄是变速操纵盘的手柄，与该手柄有机械联系的是行程开关 SQ4，进给变速冲动的行程开关是 SQ5。由表 3-3 可见，在不进行变速时，SQ5 的动合触点（14-15）是断开的；在变速时，如果齿轮未啮合好，变速手柄就合不上，即在表 3-3 中处于③的位置，则 SQ5 被压合→SQ5 的动合触点（14-15）闭合→KM1 由 13-15-14-16 支路通电→KM4 线圈支路也通电→M1 低速串电阻启动→当 M1 的转速升至 120r/min 时 KS 动作，其动断触点（13-15）断开→KM1、KM4 线圈支路断电→KS-1 动合触点闭合→KM2 通电→KM4 通电，M1 进行反接制动，转速下降→当 M1 的转速降至 KS 复位值时，KS 复位，其动合触点断开，M1 断开制动电源；动断触点（13-15）又闭合→KM1、KM4 线圈支路再次通电→M1 转速再次上升……这样使 M1 的转速在 KS 复位值和动作值之间反复升降，进行连续低速冲动，直至齿轮啮合好以后，方能将手柄推合至表 3-3 中①的位置，使 SQ3 被压合，而 SQ5 复位，变速冲动才告结束。

表 3-3　主轴和进给变速行程开关 SQ3～SQ6 状态表

	相关行程开关的触点	①正常工作时	②变速时	③变速后手柄推不上时
主轴变速	SQ3（4-9）	+	−	−
	SQ3（3-13）	−	+	+
	SQ5（14-15）	−	−	+
进给变速	SQ4（9-10）	+	−	−
	SQ4（3-13）	−	+	+
	SQ6（14-15）	−	+	+

3）快速移动电动机 M2 的控制

　　主轴的轴向进给、主轴箱（包括尾架）的垂直进给、工作台的纵向和横向进给等的快速移动，是由电动机 M2 通过齿轮、齿条来完成的。快速手柄扳到正向快速位置时，压合行程开关 SQ8，接触器 KM6 线圈获电吸合，电动机 M2 正转启动实现快速正向移动。将快速手柄扳到反向快速位置，行程开关 SQ7 被压合，KM7 线圈获电吸合，电动机 M2 反向快速移动。

4）联锁保护装置

为了防止在工作台或主轴箱自动快速进给时又将主轴进给手柄扳到自动快速进给的误操作，就采用了与工作台和主轴箱进给手柄有机械连接的行程开关 SQ1（在工作台后面）。当上述手柄扳到工作台（或主轴箱）自动快速进给的位置时，SQ1 被压断开。同样，在主轴箱上还有装有另一个行程开关 SQ2，它与主轴进给手柄有机械连接，当这个手柄动作时，SQ2 也受压分断。电动机 M1 和 M2 必须在行程开关 SQ1 和 SQ2 中有一个处于闭合状态时，才可以启动。如果工作台（或主轴箱）在自动进给（此时 SQ1 断开）时，再将主轴进给手柄扳到自动进给位置（SQ2 也断开），那么电动机 M1 和 M2 便都自动停车，从而达到联锁保护的目的。

3. 原理分析（图 3-10）

① 压下 SQ3、SQ4，按下 SB2，主电动机正转低速运行。

② 按下 SB1，KA1、KM3、KM1、KM4 相继失电，接着，经 SB1（3-13）→KS（13-18）→KM1（18-19），KM2 得电，电动机进行反接制动，KS（13-18）断开，制动结束。

③ 压下 SQ3，SQ4，按下 SB3，主电动机反转低速运行。

④ 按下 SB1，KA2、KM3、KM2、KM4 相继失电，接着，经 SB1（3-13）→KS（13-14）→KM2（14-16），KM1 得电，电动机进行反接制动，KS（13-14）断开，制动结束。

⑤ 压下 SQ3、SQ4、SQ7，按下 SB2，主电动机正转低速运行。KT→（13-20）断开→KM4 失电低速停止。KT→（13-22）闭合→KM5 得电→电动机正转高速运行。

⑥ 压下 SQ3、SQ4、SQ7，按下 SB3，主电动机反转低速运行。KT→（13-20）断开→KM4 失电低速停止。KT→（13-22）闭合→KM5 得电→电动机反转高速运行。

3.5　M1432A 型万能外圆磨床

M1432A 型万能外圆磨床主要用于磨削圆柱形或圆锥形（包括阶梯形）的外圆表面和内孔，成品的尺寸精度可达 1～2 级，表面粗糙度可达 T8～T10。机床的外磨砂轮、内磨砂轮、工件、油泵及冷却泵，均以单独的电动机驱动。机床的工作台纵向运动，可由液压驱动，也可用手轮摇动。砂轮架横向快速进退由液压驱动，其进给运动由手轮机构实现。M1432A 型万能外圆磨床可以用来加工外圆柱面及外圆锥面，利用磨床上配备的内圆磨具还可以磨削内圆柱面和内圆锥面，也能磨削阶梯轴的轴肩和端平面。

3.5.1　M1432A 型万能外圆磨床的主要结构及运动形式

M1432A 型万能外圆磨床在用于磨削 IT5～IT7 精度的圆柱形或圆锥形外圆和内孔时，该机床的液压系统具有以下功能。

① 能实现工作台的自动往复运动，并能在 0.05～4m/min 之间无级调速，工作台换向平稳，启动和制动迅速，换向精度高。

② 为方便装卸工件，尾架顶尖的伸缩采用液压传动。

③ 工作台可做微量抖动：切入磨削或加工工件略大于砂轮宽度时，为了提高生产率和改

善表面粗糙度，工作台可做短距离（1～3mm）频繁往复运动（100～150 次/min）。

④ 传动系统具有必要的联锁动作：工作台的液动与手动联锁，以免液动时带动手轮旋转，引起工伤事故。砂轮架快速前进时，可保证尾架顶尖不后退，以免加工时工件脱落。磨内孔时，为使砂轮不后退，传动系统中设置有与砂轮架快速后退联锁的机构，以免撞坏工件或砂轮。

⑤ 砂轮架快进时，头架带动工件转动，冷却泵启动；砂轮架快速后退时，头架与冷却泵电动机停转。

1. 主要结构

M1432A 型万能外圆磨床主要由床身、工作台、砂轮架、内圆磨具、头架、砂轮主轴箱、液压操纵箱、尾架等几部分组成，如图 3-11 所示。

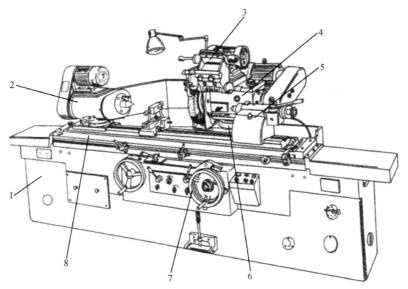

1—床身；2—头架；3—内圆磨具；4—砂轮架；5—尾架；6—滑鞍；7—手轮；8—工作台

图 3-11　M1432A 型万能外圆磨床结构图

2. 运动形式

主要运动有砂轮架（或内圆磨具）主轴带动砂轮高速旋转，头架主轴带动工件做旋转运动，工作台做纵向（轴向）往复运动，砂轮架做横向（径向）进给运动，这些运动用以完成各种工件的磨削加工。机床的辅助运动是砂轮架的快速进退，可以缩短辅助工时。

3. 电力拖动特点及控制要求

① 砂轮电动机只需要单方向转动。

② 内圆磨削和外圆磨削用两台电动机分别拖动，它们之间应实行联锁。

③ 工作台轴向运动须平稳并能实现无级调速，采用液压传动。砂轮架快速移动也采用液压传动。

④ 当内圆磨头插入工件内腔时，砂轮架不许快速移动，以免造成事故。

3.5.2 M1432A 型万能外圆磨床电气控制线路分析

1. 主电路

主电路共有五台电动机，其中 M1 是油泵电动机，给液压传动系统提供压力油；M2 是双速电动机，是带动工件旋转的头架电动机；M3 是内圆砂轮电动机；M4 是外圆砂轮电动机；M5 是给砂轮和工件供应冷却液的冷却泵电动机。电路总的短路保护用熔断器 FU1，M1 和 M2 公用熔断器 FU2 做短路保护，M3 和 M5 公用熔断器 FU3 做短路保护（图 3-12）。

2. 控制电路

（1）油泵电动机 M1 的控制

M1432A 型万能外圆磨床砂轮架的横向进给、工作台纵向往复进给及砂轮架快速进退等运动，都采用液压传动，液压传动时需要的压力油由电动机 M1 带动液压油泵供给。按下启动按钮 SB2，接触器 KM1 线圈获电吸合，KM1 主触头闭合，油泵电动机 M1 启动。按下停止按钮 SB1，接触器 KM1 线圈断电释放，KM1 主触头断开，电动机 M1 停转。除了接触器 KM1 之外，其余的接触器所需的电源都从接触器 KM1 的自锁触头后面接出，所以，只有当油泵电动机 M1 启动后，其余的电动机才能启动。

（2）头架电动机的控制

头架电动机 M2 是安装在头架上的，头架中有主轴，它与尾架一起把工件沿轴线顶牢，然后带着工件旋转。SA1 是转速选择开关，分"低"、"停"、"高"三挡。如将 SA1 扳到"低"挡的位置，按下油泵电动机的启动按钮 SB2，M1 启动，通过液压传动使砂轮架快速前进，当接近工件时，压合位置开关 SQ1，接触器 KM2 线圈获电吸合，它的主触头将头架电动机 M2 接成三角形，电动机 M2 低速运转。同理，若将选择开关 SA1 扳到"高"挡位置，砂轮架快速前进压合位置开关 SQ1，接触器 KM3 线圈获电吸合，它的主触头将头架电动机 M2 接成双星形，电动机 M2 高速运转。

SB3 是点动控制按钮，以便对工件进行较正和调试。磨削完毕，砂轮退回原处，位置开关 SQ1 复位断开，电动机 M2 自动停转。

（3）内、外圆砂轮电动机 M3 和 M4 的控制

内圆砂轮电动机 M3 由接触器 KM4 控制，外圆砂轮电动机 M4 由接触器 KM5 控制。内、外圆砂轮电动机不能同时启动，由位置开关 SQ2 对它们实行联锁。当进行外圆磨削时，把砂轮架上的内圆磨具往上翻，它的后侧压住位置开关 SQ2，SQ2 的常闭触头断开，常开触头闭合，按下启动按钮 SB4，接触器 KM5 线圈获电吸合，外圆砂轮电动机 M4 启动。当进行内圆磨削时，将内圆磨具翻下，原被内圆磨具压下的位置开关 SQ2 复原，它的常开触头恢复断开，常闭触头恢复闭合，按下启动按钮 SB4，接触器 KM4 线圈获电吸合，使内圆砂轮电动机 M3 启动运行。内圆砂轮磨削时，砂轮架是不允许快速退回的，因为此时内圆磨头在工件的内孔，砂

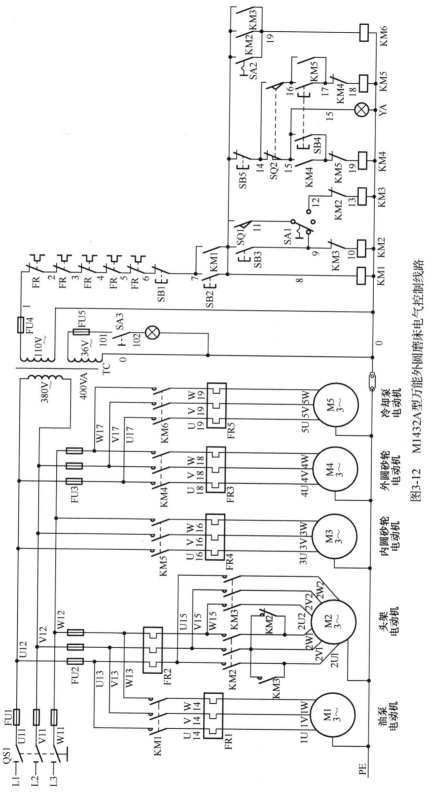

图3-12　M1432A型万能外圆磨床电气控制线路

轮架若快速移动，易造成损坏磨头及工件的严重事故。为此，内圆磨削与砂轮架的快速退回实行联锁。当内圆磨具往下翻时，由于位置开关 SQ2 复位，故电磁铁 YA 线圈获电动作，衔铁被吸下，砂轮架快速进退的操作手柄锁住液压回路，使砂轮架不能快速退回。

（4）冷却泵电动机 M5 的控制

当接触器 KM2 或 KM3 线圈获电吸合时，头架电动机 M2 启动，同时由于 KM2 或 KM3 的常开辅助触点闭合，使接触器 KM6 线圈获电吸合，冷却泵电动机 M5 自行启动。

修整砂轮时，不需要启动头架电动机 M2，但要启动冷却泵电动机 M5。为此，备有转换开关 SA2，在修整砂轮时用来控制冷却泵电动机。

（5）照明及指示电路

照明及指示灯用于照明和电源指示。

3. 原理分析

① 按下 SB2，M1 电动机启动且自锁，8 号线保持有电；YA 灯亮。

② 按下 SB3，KM2 得电，电动机 M2 在 940r/min 下点动运行。

③ 压下 SQ1，扳动 SA1 接通 9，电动机 M2 低速启动运行。SA1 扳到 12，KM3 得电，M2 电动机接成双星形，高速运行。另外，当 KM2、KM3 吸合时，8-19 接通，KM6 吸合，M5 电动机启动运行。

④ 按下 SB4，KM4 吸合，M4 电动机启动且自锁。

⑤ 扳动 SQ2，14-15 断开，14-16 接通，按下 SB4，KM5 吸合，M3 电动机启动且自锁。

⑥ 转动 SA2，KM6 吸合，M5 启动。

⑦ KM2 与 KM3、KM4 与 KM5 相互联锁。

3.6　M7120 型平面磨床控制线路

磨床是用砂轮的周面或端面进行加工的高效精密机床。磨床的种类很多，有平面磨床、外圆磨床、内圆磨床、工具磨床等，其中又以平面磨床应用最为广泛。下面以 M7120 型平面磨床为例进行分析。

3.6.1　M7120 型平面磨床概述

1. 主要结构和运动形式

M7120 型平面磨床的结构如图 3-13 所示，主要由床身、工作台、电磁吸盘、立柱、滑柱、砂轮架、手轮等组成。共有四台电动机，砂轮电动机是主运动电动机，直接带动砂轮旋轮对工件进行磨削加工；砂轮升降电动机使拖板沿立柱导轨上下移动，用以调整砂轮位置；工作台和砂轮的往复运动是靠液压泵电动机进行液压传动的，液压传动较平稳，能实现无级调速，换向时惯性小，换向平稳；冷却泵电动机带动冷却泵供给砂轮和各工件冷却液，同时用冷却液带走磨下的铁屑。

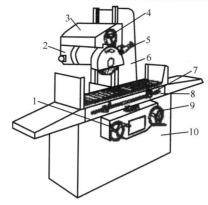

1—工作台纵向移动手轮；2—砂轮架；3—滑板座；4—砂轮横向进给手轮；5—砂轮修整器；

6—立柱；7—挡块；8—工作台；9—砂轮垂直进给手轮；10—床身

图3-13 M7120型平面磨床结构示意图

2. 电力拖动特点及控制要求

① 砂轮转动电动机和冷却泵电动机合用一个接触器控制，只需要单方向转动。
② 砂轮升降电动机为快速调整位置，采用点动控制。
③ 采用直流电压继电器实现失压保护。
④ 采用电磁吸盘对工件进行固定。

3.6.2 M7120型平面磨床电气控制线路分析

图3-14是M7120型平面磨床电气线路，包括主电路、电动机控制电路、电磁吸盘控制电路、机床照明辅助电路等。

1. 主电路

主电路中共有四台电动机，其中M1是液压泵电动机，实现工作台的往复运动。M2是砂轮电动机，带动砂轮转动来磨削加工工件。M3是冷却泵电动机，只要求单向旋转，分别用接触器KM1、KM2控制。冷却泵电动机M3只有在砂轮电动机M2运转后才能运转。M4是砂轮升降电动机，用于磨削过程中调整砂轮与工件之间的位置。

M1、M2、M3是长期工作的，所以都装有过载保护。四台电动机共用一组熔断器FU1做短路保护。

2. 控制电路

（1）液压泵电动机M1的控制

合上总开关QS1后，变压器副边输出110V交流电压，经桥式整流器VC整流后得到直流电压，使电压继电器KV获电动作，其常开触头闭合，为启动电动机做好准备。如果KV不能可靠动作，各电动机均无法运行。因为平面磨床的工件靠直流电磁吸盘的吸力将工件吸牢在工作台上，只有具备可靠的直流电压后，才允许启动砂轮和液压系统，以保证安全。

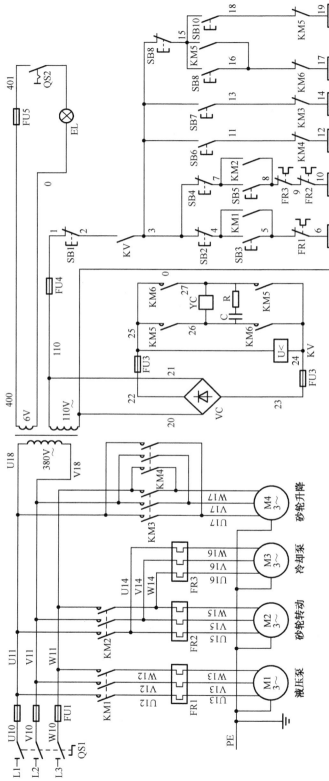

图3-14　M1720型平面磨床电气线路

当 KV 吸合后，按下启动按钮 SB3，接触器 KM1 通电吸合并自锁，液压油泵电动机 M1 启动运转，HL2 灯亮。若按下停止按钮 SB2，接触 KM1 线圈断电释放，电动机 M1 断电停转。

（2）砂轮电动机动 M2 及冷却泵电动机 M3 的控制

按下启动按钮 SB5，接触器 KM2 线圈获电动作，砂轮电动机 M2 启动运转。由于冷却泵电动机 M3 通过接触器 KM2 和 M2 联动控制，所以 M2 与 M3 同时启动运转。当不需要冷却时，可将插头拉出。按下停止按钮 SB4 时，接触器 KM2 线圈断电释放，M2 与 M3 同时断电停转。

两台电动机的热继电器 FR2 与 FR3 的常闭触头都串联在 KM2 电路中，只要有一台电动机过载，就使 KM2 失电。因冷却液循环使用，经常混有污垢杂质，很容易引起电动机 M3 过载，用热继电器 FR3 进行过载保护。

（3）砂轮升降电动机 M4 的控制

砂轮升降电动机只有在调整工件和砂轮之间位置时使用，所以用点动按钮 SB6，接触器 KM3 线圈获电吸合，电动机 M4 启动正转，砂轮上升。达到所需位置时松开 SB6，KM3 线圈断电释放，电动机 M4 停转，砂轮停止上升。

按下点动按钮 SB7，接触器 KM4 线圈获电吸合，电动机 4M 启动反转，砂轮下降，当到达所需位置时，松开 SB7，KM4 线圈断电释放，电动机 M4 停转，砂轮停止下降。

为了防止电动机 M4 的正、反转线路同时接通，在线路中串入接触器 KM4 和 KM3 的常闭触头进行联锁控制。

（4）电磁吸盘控制电路分析

电磁吸盘是固定加工工件的一种夹具，利用通电导体在铁芯中产生的磁场吸牢铁磁材料的工件，以便加工。它与机械夹具相比，具有夹紧迅速，不损伤工件，一次能吸若干个小工件，以及工件发热可以自由伸缩等优点。因而电磁吸盘在平面磨床上用得十分广泛。电磁吸盘的控制电路包括整流装置、控制装置和保护装置三部分。整流装置由变压器 TC 和单相桥式全波整流器 VC 组成，供给 110V 直流电源。

控制装置由按钮 SB8、SB9、SB10 和接触器 KM5、KM6 等组成。

充磁过程如下：按下充磁按钮 SB8，接触器 KM5 线圈获电吸合，KM5 主触头闭合，电磁吸盘 YH 线圈获电，工作台充磁吸住工件。同时其自锁触头闭合，联锁触头断开。

磨削加工完毕，在取下加工好的工作时，先按 SB9，切断电磁吸盘 YH 的直流电源，由于吸盘和工作都有剩磁，所以需要对吸盘和工件进行去磁。

去磁过程如下：按下点动按钮 SB10，KM6 吸合，电磁吸盘通入反向直流电，使工作台去磁。保护装置由放电电阻 R 和电容 C 以及零压继电器 KA 组成。

（5）照明电路和指示电路分析

照明及指示灯用于照明和电源指示。

3. 原理分析

① 交流电压 110V 经整流，使失压继电器 KV 线圈得电吸合，KV 触点（2-3）通，以保证有足够电压时，才能启动其他系统。

② 按下 SB9 按钮，KM5 吸合并自锁，经 25-26-24，YC 通电吸合，给电磁吸盘充电充磁。

③ 按下 SB8，KM5 线圈失电。按下 SB10 使 KM6 点动吸合，给电磁吸盘反向充电去磁，以便调整工件位置或取下工件。

④ 与 YC 并联的 RC 电路用于 YC 断电时吸收 YC 的能量。

3.7 X62W 型万能铣床控制线路

X62W 型万能铣床是一种通用的多用途机床，它可以用圆柱铣刀、圆片铣刀、成形铣刀等工具对各种零件进行平面、斜面、螺旋面及成形表面的加工，还可以加装万能铣头和圆工作台来扩大加工范围。目前，万能铣床常用的有两种，一种是卧式万能铣床，铣刀水平放置，另一种是立式万能铣床，铣头垂直放置。这两种机床结构大致相似，电气控制线路经过系列化以后，也是一样的。

3.7.1 X62W 型万能铣床概述

1. 主要结构和运动形式

X62W 型万能铣床的结构如图 3-15 所示，它主要由床身、主轴、刀杆、悬梁、工作台、回转盘、横溜板、升降台、底座等组成。在床身的前面有垂直导轨，升降台可沿着它上下移动。在升降台上面的水平导轨上，装有可在平行主轴轴线方向移动（前后移动）的溜板。溜板上部有可转动的回转盘，工作台就在溜板上部回转盘上的导轨上做垂直于主轴轴线方向的移动（左右移动）。工作台上有 T 形槽用来固定工件。这样，安装在工作台上的工件就可以在三个坐标上的六个方向调整位置或进给。铣床主轴带动铣刀的旋转运动是主运动；铣床工作台的前后（横向）、左右（纵向）和上下（垂直）6 个方向的运动是进给运动；铣床其他的运动，如工作台的旋转运动则属于辅助运动。除了能在平行于或垂直于主轴轴线方向进给外，还能在倾斜方向进给，还可以加工螺旋槽，故称万能铣床。

2. 电力拖动特点及控制要求

① 主轴电动机需要正反转，但方向的改变并不频繁。因此，可用电源相序开关实现电动机的正反转，节省一个反向接触器。

② 铣刀的切削是一种不连续的切削，容易使机械传动系统发生振动，为了避免各种现象，在主轴传动系统中装有惯性轮，但在高速切削后，停车很费时间，故采用电磁离合器制动。

③ 工作台既可以做六个方向的进给运动，又可以做六个方向上的快速移动。

④ 为防止刀具和机床的损坏，要求只有主轴旋转后，才允许有进给运动。为了改善工件

表面粗糙度，只有进给停止后主轴才能停止或同时停止。该机床采用了主轴和进给同时停止的方式，但由于主轴运动的惯性大，实际上就保证了进给运动先停止，主轴运动后停止的要求。

⑤ 主轴运动和进给运动采用变速盘进行速度选择，为了保证变速齿轮进入良好啮合状态，两种运动都要求变速后做瞬时点动。

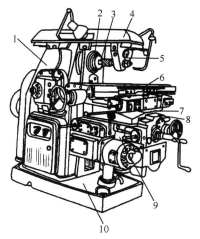

1—床身；2—主轴；3—刀杆；4—悬梁；5—刀杆支架；6—工作台；7—回转盘；8—滑座；9—进给操作手柄；10—底座

图 3-15　铣床结构示意图

3.7.2　X62W 型万能铣床电气控制线路分析

X62W 型万能铣床电气控制线路如图 3-16 所示，包括主电路、电动机控制电路、电磁阀控制电路和照明电路。

1．主电路

主电路共有三台电动机，M1 是主电动机，拖动主轴带动铣刀进行铣削加工；M2 是工作台进给电动机，拖动升降台及工作台进给；M3 是冷却泵电动机，供应冷却液。

2．控制电路

（1）主轴电动机的控制

控制线路中的启动按钮 SB1 和 SB2 是异地控制按钮，分别装在机床两处，方便操作。SB5 和 SB6 是停止按钮。KM1 是主轴电动机 M1 的启动接触器，YC1 则是主轴制动用的电磁离合器，SQ1 是主轴变速冲动的行程开关。

① 主轴电动机的启动。由换相开关 SA3 控制主轴电动机的运行方向，SB1 或 SB2 给 KM1 送电，接通主轴电动机电路。

② 主轴电动机的停车制动。按下 SB5 和 SB6 停止运行。

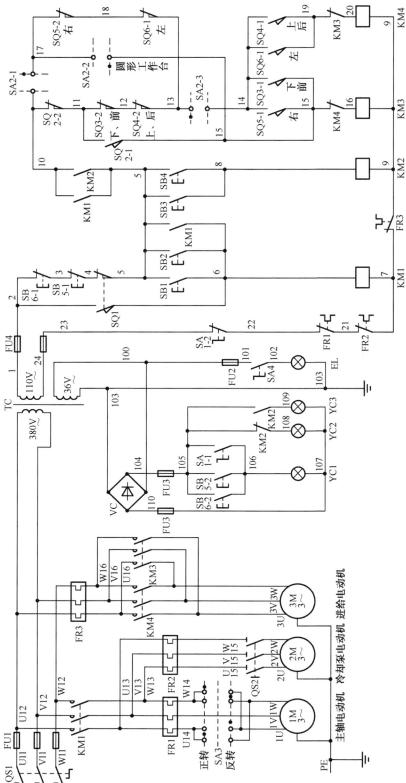

图3-16　X62W型万能铣床电气控制线路图

③ 主轴换铣刀控制。在主轴上更换铣刀时，为了避免主轴转动，造成更换困难，应将主轴制动。方法是将转换开关 SA1 扳到制动位置，接通制动电磁铁制动，同时切断控制电路防止接触器误动。

④ 主轴变速时的冲动控制。主轴变速时的冲动控制，是利用变速手柄与冲动行程开关 SQ1 通过机械上的联动机构实现的。利用变速手柄与冲动行程开关 SQ1，通过 M1 点动，使齿轮系统产生一次抖动，以便于齿轮顺利啮合，且变速前应先停车。

（2）工作台进给电动机的控制

转换开关 SA2 是控制圆工作台的，在不需要圆工作台工作时，转换开关 SA2 扳到"断开"位置，此时 SA2-1 闭合，SA2-2 断开，SA2-3 闭合；当需要圆工作台运动时，将转换开关 SA2 扳到"接通"位置，则 SA2-1 断开，SA2-2 闭合，SA2-3 断开。工作台的左右进给运动由左右进给操作手柄控制。操作手柄与位置开关 SQ5 和 SQ6 联动，有左、中、右三个位置，其控制关系见表 3-4。当手柄扳向中间位置时，位置开关 SQ5 和 SQ6 均未被压合，进给控制电路处于断开状态；当手柄扳向左或右位置时，手柄压下位置开关 SQ5 或 SQ6，使常闭触头 SQ5-2 或 SQ6-2 分断，常开触头 SQ5-1 或 SQ6-1 闭合，接触器 KM3 或 KM4 得电动作，电动机 M2 正转或反转。由于在 SQ5 或 SQ6 被压合的同时，通过机械机构已将电动机 M2 的传动链与工作台下面的左右进给丝杠相搭合，所以电动机 M2 的正转或反转就拖动工作台向左或向右运动。工作台的上下和前后进给运动是由一个手柄控制的。该手柄与位置开关 SQ3 和 SQ4 联动，有上、下、前、后、中 5 个位置，其控制关系见表 3-5。当手柄扳至中间位置时，位置开关 SQ3 和 SQ4 均未被压合，工作台无任何进给运动；当手柄扳至下或前位置时，手柄压下位置开关 SQ3 使常闭触头 SQ3-2 分断，常开触头 SQ3-1 闭合，接触器 KM3 得电动作，电动机 M2 正转，带动着工作台向下或向前运动；当手柄扳向上或后时，手柄压下位置开关 SQ4，使常闭触头 SQ4-2 分断，常开触头 SQ4-1 闭合，接触器 KM4 得电动作，电动机 M2 反转，带动着工作台向上或向后运动。

当两个操作手柄被置于某一进给方向后，只能压下四个位置开关 SQ3、SQ4、SQ5、SQ6 中的一个开关，接通电动机 M3 正转或反转电路，同时通过机械机构将电动机的传动链与三根丝杠（左右丝杠、上下丝杠、前后丝杠）中的一根（只能是一根）相搭合，拖动工作台沿选定的进给方向运动，而不会沿其他方向运动。

① 工作台纵向进给。工作台的左右（纵向）运动由"工作台操作手柄"来控制。手柄有三个位置：向左、向右、零位（停止）。

② 工作台向右运动。主轴电动机 M1 启动后，将操作手柄向右扳，其联动机构压动位置开关 SQ5，常开触头 SQ5-1 闭合，常闭触头 SQ5-2 断开，接触器 KM3 通电吸合；电动机 M2 正转启动，带动工作台向右运动。

③ 工作台向左运动。主轴电动机 M1 启动后，将操作手柄拨向左，这时位置开关 SQ6 被压着，常开触头 SQ6-1 闭合，常闭触头 SQ6-2 断开，接触器 KM4 通电吸合；电动机 M2 反转，带动工作台向左运动。

④ 工作台升降和横向（前后）进给。操纵工作台上下和前后运动是用同一手柄完成的。

该手柄有五个位置，即上、下、前、后和中间位置。当手柄向上或向下时，机械上接通了垂直进给离合器；当手柄向前或向后时，机械上接通了横向进给离合器；手柄在中间位置时，横向和垂直进给离合器均不接通。

在手柄扳到向下或向前位置时，手柄通过机械联动机构使位置开关 SQ3 被压动，接触器 KM3 通电吸合，电动机正转；在手柄扳到向上或向后位置时，位置开关 SQ4 被压动，接触器 KM4 通电吸合，电动机反转。

此五个位置是联锁的，各个方向的进给不能同时接通，所以不可能出现传动紊乱的现象。

表3-4 工作台左右进给手柄位置及其控制关系

手柄位置	位置开关动作	接触器动作	电动机 M2 转向	传动链搭合丝杠	工作台运动方向
左	SQ5	KM3	正转	左右进给丝杠	向左
中	—	—	停止	—	停止
右	SQ6	KM4	反转	左右进给丝杠	向右

表3-5 工作台上、下、中、前、后进给手柄位置及其控制关系

手柄位置	位置开关动作	接触器动作	电动机 M2 转向	传动链搭合丝杠	工作台运动方向
上	SQ4	KM4	反转	上下进给丝杠	向上
下	SQ3	KM3	正转	上下进给丝杠	向下
中	—	—	停止	—	停止
前	SQ3	KM3	正转	前后进给丝杠	向前
后	SQ4	KM4	反转	前后进给丝杠	向后

⑤ 进给变速冲动。和主轴一样，进给变速时，为了使齿轮进入良好的啮合状态，也要做变速后的瞬时点动。在进给变速时，只需要将变速盘往外拉，使进给齿轮松开，待转动变速盘选择好速度以后，将变速盘向里推。

⑥ 工作台的快速移动。为了提高生产率，减少生产辅助时间，X62W 型万能铣床在加工过程中，不做铣削加工时，要求工作台快速移动，当进入铣切区时，要求工作台以原进给速度移动。6 个进给方向的快速移动是通过两个进给操作手柄和快速移动按钮配合实现的。安装好工件后，扳动进给操作手柄选定进给方向，按下快速移动按钮 SB3 或 SB4（两地控制），接触器 KM2 得电，KM2 常闭触头分断，电磁离合器 YC2 失电，将齿轮传动链与进给丝杠分离。KM2 两对常开触头闭合，一对使电磁离合器 YC3 得电，将电动机 M2 与进给丝杠直接搭合；另一对使接触器 KM3 或 KM4 得电动作，电动机 M2 得电正转或反转，带动工作台沿选定的方向快速移动。由于工作台的快速移动采用的是点动控制，故松开 SB3 或 SB4，快速移动停止。

⑦ 圆形工作台的控制。为了提高机床的加工能力，可在机床上安装附件圆形工作台，这样可以进行圆弧或轮的铣削加工。在拖动时，所有进给系统均停止工作，只让圆工作台绕轴心回转。当需要圆形工作台旋转时，将开关 SA2 扳到接通位置，这时触头 SA2-1 和 SA2-3 断开，触头 SA2-2 闭合，电流经 10-13-14-15-20-19-17-18 路径，使接触器 KM3 得电，电动机 M2 启动，通过一根专用轴带动圆形工作台做旋转运动。转换开关 SA2 扳到断开位置，这时触头 SA2-1

和 SA2-3 闭合，触头 SA2-2 断开，以保证工作台在 6 个方向的进给运动，因为圆形工作台的旋转运动和 6 个方向的进给运动也是联锁的。

3. 原理分析

① 扳动 SQ1，2-6 通，KM1 吸合，SQ1 不动，5 号线带电。

② 按下 SB1 或 SB2，KM1 吸合自锁，使 10 号线带电。转动 SA3，M1、M2 电动机转动。

③ 按下 SB3 或 SB4，KM2 点动吸合，同时 10 号线带电。

④ 转动 SA1-2，22-23 断，控制回路电断。

⑤ 转换开关工作状态：SA2-1 与 SA2-3 同时通时，SA2-2 断开。反之，SA2-2 通时 SA2-1 与 SA2-3 同时断开。

⑥ 当 SA2-1、SA2-3 接通时，14 号线有二条通路，其一为 10-17-18-13-14，其二为 10-11-12-13-14。

⑦ 压下 SQ5，SQ5-1 通、SQ5-2 断，电经 10-11-12-13-14-15-16，KM3 吸合，M3 电动机反转。

⑧ 压下 SQ6，SQ6-1 通、SQ6-2 断，电经 10-11-12-13-14-19-20，KM4 吸合，M3 电动机正转。

⑨ 压下 SQ3，SQ3-1 通、SQ3-2 断，电经 10-17-18-13-14-15-16，KM3 吸合，M3 电动机反转。

⑩ 压下 SQ4，SQ4-1 通、SQ4-2 断，电经 10-17-18-13-14-19-20，KM4 吸合，M3 电动机正转。

⑪ 压下 SQ2，SQ2–1 通、SQ2–2 断，电经 10-17-18-13-12-11-15-16，KM3 吸合，M3 电动机反转。

3.8　M7475B 型平面磨床控制线路

M7475B 型平面磨床属于立轴圆台平面磨床，有圆形电磁工作台和立式磨头，采用砂轮端面磨削。该机床为高效率的平面磨床，主要用于粗磨毛坯或磨削一般精度的工件。

3.8.1　M7475B 型平面磨床概述

1. 主要结构和运动形式

磨床是用砂轮对工件的表面进行磨削加工的一种精密机床，M7475B 型平面磨床结构如图 3-17 所示，主要由床身、工作台、砂轮架和立柱等部分组成，它采用立式磨头，用砂轮的端面进行磨削加工，用电磁吸盘固定工件。

磨床的主运动是砂轮电动机 M1 带动砂轮旋转运动。进给运动是工作台转动电动机 M2 拖动圆工作台转动。辅助运动是工作台移动电动机 M3 带动工作台左右移动和磨头升降电动机 M4 带动砂轮架沿立柱导轨上下移动，磨床的砂轮和工作台分别由单独的电动机拖动，并用继

电器、接触器控制，属于纯电气控制。

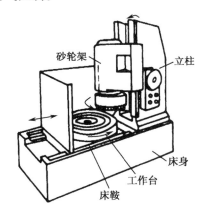

图 3-17　M7475B 型平面磨床结构简图

2. 电力拖动特点及控制要求

砂轮电动机 M1 只要求单方向旋转。由于容量较大，采用 Y-△降压启动以限制启动电流。工作台转动电动机 M2 采用双速电动机来实现工作台的高速和低速转动，简化传动机构。工作台低速转动时，电动机的定子绕组接成△形，转速为 940r/min；工作台高速旋转时，电动机的定子绕组接成双星形，转速为 1440r/min。

工作台移动电动机 M3 和磨头升降电动机 M4 由继电器控制，KA2 控制电磁吸盘的励磁，停止励磁后自动退磁。

3.8.2　M7475B 型平面磨床电气控制线路分析

M7475B 型平面磨床电气控制线路如图 3-18 所示。

1. 主电路

机床的主电路由五台交流异步电动机及其辅助电气元件组成。组合开关 QS1 是总电源开关。

M1 是砂轮电动机，KM1 和 KM2 是 M1 的 Y-△启动交流接触器。M1 的过载保护电器是热继电器 FR1，短路保护电器是电源开关柜中的熔断器。M2 是工作台转动电动机，KM4 和 KM3 分别是 M2 的高速与低速转动启停接触器。M2 的短路保护电器是熔断器 FU1，过载保护电器是 FR2。M3 是工作台移动电动机，能够正反转。KM5 和 KM6 是 M3 的正反转启停接触器。热继电器 FR3 是 M3 的过载保护电器。M4 是磨头升降电动机，也是一台双向电动机，功率为 0.75kW。接触器 KM7 和 KM8 分别控制 M4 的正反转。热继电器 FR4 是 M4 的过载保护电器。M5 是冷却泵电动机，KM9 是 M5 的启动与停止接触器，FR5 是 M5 的过载保护电器。M3、M4、M5、M6 共用的短路保护电器是熔断器 FU2。

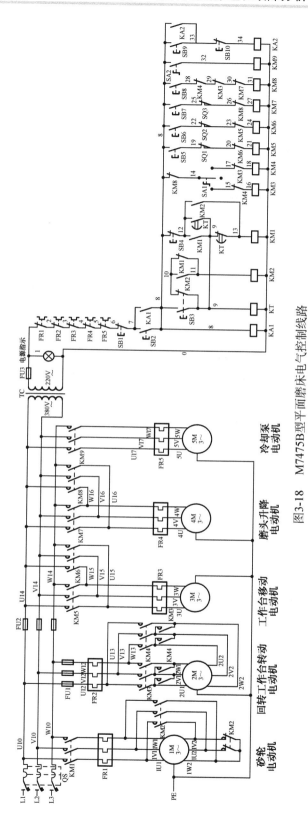

图3-18 M7475B型平面磨床电气控制线路

2. 控制电路

（1）砂轮电动机 M1 的启动与停止控制

合上开关 QS，引入三相电源。按下启动按钮 SB2，零压保护继电器 KA1 的线圈通电吸合并自锁，其常开触点闭合，电源接通信号灯 HL1 亮，表示机床的电气线路已处于带电状态。按下砂轮电动机启动按钮 SB3，交流接触器 KM1 以及时间继电器 KT 获电吸合，使砂轮电动机 M1 在定子绕组接成星形的情况下启动旋转。经过一段时间，继电器 KT 的延时断开常闭触头断开，KM1 断电释放时 KT 的延时闭合常开触头闭合，接触器 KM2 获电动作，M1 定子绕组成△形连接，砂轮电动机进入正常运行。停车时，按停止按钮 SB1，接触器 KM1、KM2 和时间继电器 KT 断电释放，砂轮电动机停转。

（2）工作台转动控制

工作台转动有两种速度，由开关 SA1 控制。若将开关 SA1 扳到低速位置，交流接触器 KM3 通电吸合。由于接触器 KM4 无电，工作台转动电动机 M2 定子绕组接成△形，电动机启动低速旋转，通过传动机构带动工作台低速转动。若将 SA1 扳到高速位置，交流接触器 KM4 得电动作，因接触器 KM3 无电，KM4 的触点将工作台转动电动机的定子绕组接成双星形，电动机 M2 通电后带动工作台高速转动。若将开关 SA1 扳到中间位置，KM3 和 KM4 均断电，M2 和工作台停转。工作台转动时，磨头不能下降。在磨头下降的控制线路中，串接了 KM3 和 KM4 的动断触点。只要工作台转动，KM3 和 KM4 的动断触点总有一个断开，切断磨头的下降控制线路。而当磨头下降时，接触器 KM8 的常闭辅助触头断开，接触器 KM3 和 KM4 都不能通电吸合，所以工作台不能转动。

（3）工作台移动控制

按下启动按钮 SB5，接触器 KM5 得电吸合，工作台移动电动机 M3 正向旋转，工作台向左移动（退出）。按下启动按钮 SB6，接触器 KM6 得电吸合，工作台移动电动机 M3 反向转动，拖动工作台向右移动（进入）。因为在按钮两端未装设并联的接触器动合触点，接触器不能自锁，所以工作台左右移动是点动控制。松开按钮，工作台移动停止。限位开关 SQ1 和 SQ2 是工作台移动终端保护元件。当工作台移动到极限位置时，撞开限位开关 SQ1 或 SQ2，工作台移动控制线路断电，工作台停止移动。

（4）磨头上升与下降控制

按下按钮 SB7 或 SB8，由接触器 KM7 或 KM8 控制电动机 M4 带动磨头上下移动。

（5）冷却泵电动机 M5 的控制

将开关 SA2 接通，接触器 KM9 通电吸合，冷却泵电动机 M5 启动运转。断开 SA2，KM9 断电释放，M5 停转。

3. 原理分析

① 按下 SB2，KA1 中间继电器吸合自锁，使 8 号线带电。

② 按下 SB3，时间继电器 KT、接触器 KM1 得电吸合，电动机 M1 星形启动，KM1（12-9）

闭合自锁，KM1（10-11）断开。过段时间后，KT 常闭触头（9-13）断开，电动机 M1 星形启动结束。同时 KT 常开触头（12-9）闭合，KM2 得电，电动机接成三角形，KM2（10-11）、（12-13）闭合，电动机三角形运行。停止时，按下 SB1 或 SB4 均可。

③ 双速电动机 M2 启动运行，SA1 打到左边，KM3 得电吸合，M2 电动机低速启动运行；SA1 打到右边，KM4 得电吸合，M2 电动机高速双星形启动运行。当然，KM8 接触器吸合时，8-14 断开，KM3、KM4 都不能工作。

3.9 交流桥式起重机的电气控制

3.9.1 桥式起重机概述

起重机是专门用来起吊和短距离搬移重物的一种生产机械，通常也称行车、吊车或天车。按其结构的不同，分为桥式、塔式、门式、旋转式和缆索式等。桥式起重机按照起重量分为三个等级：5t 和 10t 为小型起重机，15～50t 为中型起重机，50t 以上为重型起重机。

1. 桥式起重机的主要结构及运动形式

① 起重机由大车电动机驱动沿车间两边的轨道做纵向前后运动。
② 小车及提升机构由小车电动机驱动沿桥梁上的轨道做横向左右运动。
③ 在升降重物时由起重电动机驱动做垂直上下运动。

2. 桥式起重机电气控制的特点和要求

1）桥式起重机的主要特点
① 桥式起重机的工作条件比较差，由于安装在车间的上部，有的还是露天安装，往往处于高温、高湿度、易受风雨侵蚀或多粉尘的环境；同时，还经常处于频繁的启动、制动、反转状态，会受到较大的机械冲击。故多采用绕线转子异步电动机拖动。
② 有合理的升降速度，空载、轻载要求速度快，以减少辅助工时；重载时要求速度慢。
③ 在提升之初或重物下降到指定位置附近时需要低速运行，因此应将速度分为几挡，以便灵活操作。
④ 具有一定的调速范围，普通起重机的调速范围一般为 3∶1，要求较高的则要达到（5～10）∶1。

2）控制要求
① 提升第一级作为预备级，是为了消除传动间隙和张紧钢丝绳，以避免过大的机械冲击。所以启动转矩不能过大，一般限制在额定转矩的一半以下。
② 由于起重机的负载力矩为位能性反抗力矩，因而电动机可运转在电动状态、再生发电状态和倒拉反接制动状态。
③ 为了保证人身与设备的安全，停车必须采用安全可靠的制动方式。

④ 应具有必要的短路、过载、零位和终端保护。

3）起重机提升机构的工作状态

（1）提升重物时电动机的工作状态

提升重物时，电动机承受两个阻力转矩，一个是重物自重产生的位能转矩，另一个是在提升过程中传动系统存在的摩擦转矩。当电动机电磁转矩克服这两个阻力转矩时，重物将被提升。

（2）下降重物时电动机的工作状态

① 反转电动状态。

当空钩或轻载下放重物时，由于负载的位能转矩小于摩擦转矩，这时依靠重物自重不能下降，为此电动机必须依重物下降方向施加电磁转矩强迫重物或空钩下放，此时电动机工作在反转电动状态，又称强力下放重物。

② 再生发电制动状态。

当以高于电动机同步转速的速度稳定下降时，电动机工作在再生发电制动状态。

③ 倒拉反接制动状态。

若重物较重，为获得低速下降，可采用倒拉反接制动下放。

3.9.2　5t 桥式起重机控制电路

凸轮控制器在中小型起重机的平移机构和小型起重机的提升机构控制中得到了广泛应用。凸轮控制器就是利用凸轮来操作多组触点动作的控制器，它是一种大型手动控制电器，常用于直接操作与控制转子绕线式异步电动机的启动、停止、正反转、调速等。

1. 凸轮控制器的结构原理

凸轮控制器由机械结构、电气结构、防护结构三部分组成（图 3-19）。

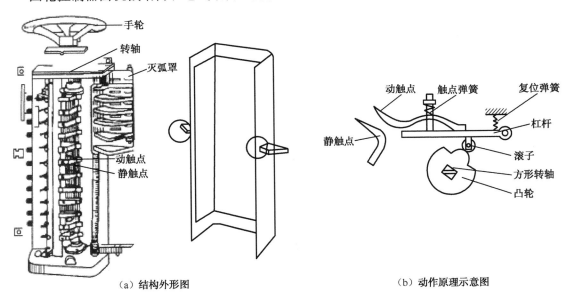

（a）结构外形图　　　　　　　　　　　　（b）动作原理示意图

图 3-19　凸轮控制器的结构

　　凸轮控制器的工作原理是,当转轴在手轮扳动下转动时,固定在轴上的凸轮同轴一起转动,当凸轮的凸起部位顶住动触点杠杆上的滚子时,便将动触点与静触点分开或接通。

　　控制电路原理图中的凸轮控制器,以其圆柱表面的展开图表示。凸轮控制器有编号为1~12的12对触点,以竖画的细实线表示;而凸轮控制器的操作手轮右旋(控制电动机的正转)和左旋(控制电动机的反转)各有5个挡位,加上一个中间位置(称为"零位")共有11个挡位,用横画的细虚线表示;每对触点在各个挡位接通,则以横竖线交点处的黑圆点"·"表示,无黑圆点表示断开。

2. 凸轮控制器控制的 5t 桥式起重机小车（吊钩）控制电路原理（图 3-20）

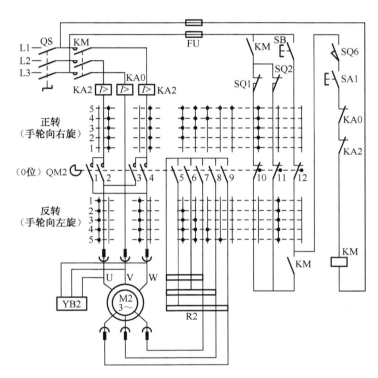

图 3-20　桥式起重机小车（吊钩）控制电路

　　M2 为小车（或吊钩）驱动电动机,采用转子绕线式三相异步电动机,在转子电路中串入三相不对称电阻 R2,用于启动及调速控制。YB2 为制动电磁铁,其三相电磁线圈与 M2（定子绕组）并联。QS 为电源引入开关,KM 为控制线路电源的接触器。KA0 和 KA2 为过流继电器,其线圈（KA0 为单线圈,KA2 为双线圈）串联在 M2 的三相定子电路中,而其动断触点则串联在 KM 的线圈支路中,无论哪个触点动作都可使 KM 线圈断电而停机。

　　（1）M2 的启动和正反转控制

　　电路每次操作之前,应先将 QM2 置于零位,舱门安全开关 SQ6 关闭。由图 3-20 可见 QM2 的触点 10、11、12 在零位接通;然后合上电源开关 QS,按下启动按钮 SB,接触器 KM 线圈通过 QM2 的触点 12 通电,KM 的 3 对主触点闭合,接通 M2 的电源,然后可以用 QM2 操纵电动机 M2 的运行。QM2 的触点 10、11 与 KM 的动合触点一起构成正转或反转时的自锁电路。

凸轮控制器 QM2 的触点 1～4 用以换相，控制 M2 的正反转，由图 3-20 可见 QM2 右旋五挡触点 2、4 均接通，M2 正转；而左旋五挡触点 1、3 接通，按电源的相序，M2 为反转；在零位时 4 对触点均断开。

（2）M2 的调速控制

凸轮控制器 QM2 的触点 5～9 用以改变电阻 R2 接入 M2 的转子回路，以实现对 M2 启动和转速的调节。由图 3-20 可见这 5 对触点在中间零位均断开，而在左、右旋各五挡的通断情况是完全对称的：在（左、右旋）第一挡触点 5～9 均断开，三相不对称电阻 R2 全部串入 M2 的转子电路，此时 M2 的机械特性最软；置第二、三、四挡时触点 5、6、7 依次接通，将 R2 逐级不对称地切除，使电动机的转速逐渐升高；当置第五挡时触点 5～9 全部接通，R2 被全部切除，M2 运行在自然特性曲线上。

（3）安全保护功能

吊车控制电路具有过流保护、零压保护、零位保护、欠压保护、行程终端限位保护和安全保护共 6 种保护功能。

① 过流保护。

采用过流继电器进行过流（包括短路、过载）保护，过电流继电器 KA0、KA2 的动断触点串联在 KM 线圈支路中。

② 零压保护。

采用按钮开关 SB 启动，SB 动合触点与 KM 的自锁动合触点相并联的电路，都具有零压（失压）保护功能。

③ 零位保护。

采用凸轮控制器控制的电路在每次重新启动时，还必须将凸轮控制器旋回中间的零位，使触点 12 接通，才能够按下 SB 接通电源，这一保护作用称为"零位保护"。

④ 欠压保护。

接触器 KM 本身具有欠电压保护的功能，当电源电压不足时（低于额定电压的 85%），KM 因电磁吸力不足而复位，其动合主触点和自锁触点都断开，从而切断电源。

⑤ 行程终端限位保护。

行程开关 SQ1、SQ2 分别用于 M2 正、反转（如 M2 驱动小车，则分别为小车的右行和左行）的行程终端限位保护，其动断触点分别串联在 KM 的自锁支路中。

⑥ 安全保护。

在 KM 的线圈电路中，还串入了舱门安全开关 SQ6 和事故紧急开关 SA1。在平时，应关好驾驶舱门，使 SQ6 被压下（保证桥架上无人），才能操纵起重机运行；一旦发现紧急情况，可断开 SA1 紧急停车。

3.9.3　5t 交流桥式起重机控制电路原理

5 t 交流桥式起重机电气控制的全电路如图 3-21 所示。

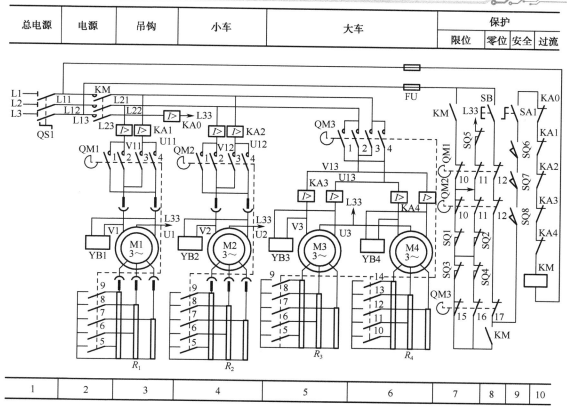

总电源	电源	吊钩	小车	大车	保护			
					限位	零位	安全	过流

1	2	3	4	5	6	7	8	9	10

图 3-21　5t 交流桥式起重机电气控制的全电路

1. 主电路

5t 桥式起重机的大车较多采用两台电动机分别驱动，图 3-21 中共有四台绕线转子异步电动机，分别由三只凸轮控制器控制。起重吊钩电动机 M1 由 QM1 控制（图 3-22）。小车驱动电动机 M2 由 QM2 控制。大车驱动电动机 M3 和 M4 由 QM3 同步控制。

凸轮控制器 QM3 共有 17 对触点，比 QM1、QM2 多了 5 对触点，用于控制另一台电动机的转子电路，因此可以同步控制两台绕线式异步电动机（图 3-23）。

2. 控制电路

控制电路电源由接触器 KM 控制，过流继电器 KA0～KA4 用于过流保护，其中 KA1～KA4 为双线圈式，分别保护 M1、M2、M3 与 M4；KA0 为单线圈式，单独串联在主电路的一相电源线中，用于总电路的过流保护。SQ5 用于吊钩 M1 上行限位，SQ1、SQ2 用于小车 M2 左右行限位，SQ3、SQ4 用于大车 M3、M4 前后行限位控制。

3. 保护电路

保护电路由接触器、过电流继电器、位置开关等组成，用于控制和保护起重机，实现电动机过流保护、失压保护、零位保护、限位保护。

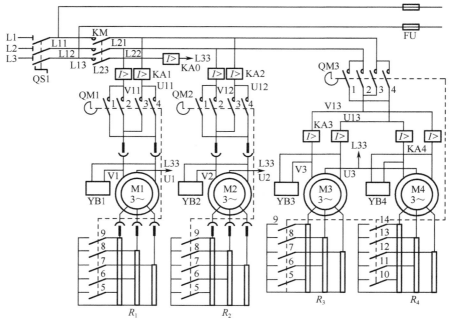

图 3-22　交流桥式起重机电气控制的主电路

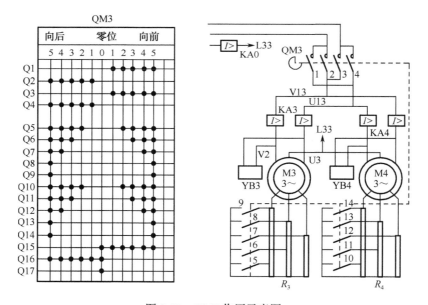

图 3-23　QM3 作用示意图

第4章

电气控制系统的设计

　　电气控制系统的设计主要包括两方面内容，一是电气控制系统的原理设计和工艺设计，二是电气控制系统的安装和调试。本章从实际应用出发，对电气控制系统的设计方法进行介绍，帮助学习者掌握机械设备的电气控制系统的设计方法。

4.1　电气控制系统设计的主要内容、一般程序及基本原则

4.1.1　电气控制系统设计的主要内容

1. 原理设计

　　① 拟定电气设计任务书（技术条件）。

　　② 确定电力拖动方案（电气传动形式）以及控制方案。

　　③ 选择电动机，包括电动机的类型、电压等级、容量及转速，并选择具体型号。

　　④ 设计电气控制的原理框图，包括主电路、控制电路和辅助控制电路，确定各部分之间的关系，拟定各部分的技术要求。

　　⑤ 设计并绘制电气原理图，计算主要技术参数。

　　⑥ 选择电气元件，制定电动机和电气元件明细，以及装置易损件及备用件的清单。

　　⑦ 编写设计说明书。

2. 工艺设计

　　工艺设计的主要目的是便于组织电气控制装置的制造，实现电气原理设计所要求的各项技术指标，为设备在今后的使用、维修提供必要的图纸资料。

　　工艺设计的主要内容如下。

　　① 根据已设计完成的电气原理图及选定的电气元件，设计电气设备的总体配置，绘制电气控制系统的总装配图及总接线图。总图应反映出电动机、执行电器、电气箱各组件、操作台布局、电源以及检测元件的分布状况和各部分之间的接线关系与连接方式，这一部分的设计资料供总体装配调试以及日常维护使用。

　　② 按照电气原理框图或划分的组件，对总原理图进行编号，绘制各组件原理电路图，列

出各组件的元件目录表，并根据总图编号标出各组件的进出线号。

③ 根据各组件的原理电路及选定的元件目录表，设计各组件的装配图（包括元件的布置和安装图）、接线图，图中主要反映各电气元件的安装方式和接线方式，这部分资料是各组件电路装配和生产管理的依据。

④ 根据组件的安装要求，绘制零件图纸，并表明技术要求，这部分资料是机械加工和对外协作加工所必需的技术资料。

⑤ 设计电气箱，根据组件的尺寸及安装要求，确定电气箱结构与外形尺寸，设置安装支架，表明安装尺寸、安装方式、各组件的连接方式、通风散热及开门方式。在这一部分的设计中，应注意操作维护的方便与造型的美观。

⑥ 根据总原理图、总装配图及各组件原理图等资料，进行汇总，分别列出外构件清单、标准件清单以及主要材料消耗定额，这部分是生产管理和成本核算所必须具备的技术资料。

⑦ 编写使用说明书。

4.1.2　电气控制系统设计的一般程序

1.　拟定设计任务书

在电气设计任务书中，应简要说明所设计的机械设备的型号、用途、工艺过程、技术性能、传动要求、工作条件、使用环境等。除此之外，还应说明以下技术指标及要求。

① 控制精度、生产效率要求。

② 有关电力拖动的基本特性，如电动机的数量、用途、负载特性、调速范围，以及对反向、启动和制动的要求等。

③ 用户供电系统的电源种类、电压等级、频率及容量等要求。

④ 有关电气控制的特性，如自动控制的电气保护、联锁条件、动作程序等。

⑤ 其他要求，如主要电气设备的布置草图、照明、信号指示、报警方式等。

⑥ 目标成本及经费限额。

⑦ 验收标准及方式。

2.　选择电力拖动方案与控制方式

电力拖动方案的选择是以后各部分设计内容的基础和先决条件。电力拖动方案是指根据生产工艺要求，生产机械的结构，运动部件的数量、运动要求、负载特性、调速要求以及投资额等条件，确定电动机的类型、数量、拖动方式，并拟定电动机的启动、运行、调速、制动等控制要求，作为电气控制原理图设计及电气元件选择的依据。

3.　选择电动机

选择电动机的基本原则如下：

① 电动机的机械特性应满足生产机械提出的要求，要与负载特性相适应，以保证生产过程中的运行稳定性，并具有一定的调速范围与良好的启动、制动性能。

② 电动机的结构形式应满足机械设计提出的安装要求，并适应周围环境的工作条件。

③ 根据电动机的负载和工作方式，正确选择电动机的容量，正确合理地选择电动机的容量具有重要的意义。选择电动机的容量时可以按以下四种类型进行。

- 对于恒定负载长期工作制的电动机，其容量的选择应保证电动机的额定功率大于等于负载所需要的功率。

- 对于变动负载长期工作制的电动机，其容量的选择当保证负载变到最大时，电动机仍能给出所需要的功率，同时电动机的温升不超过允许值。

- 对于短时工作制的电动机，其容量应按照电动机的过载能力来选择。

- 对于重复短时工作制的电动机，其容量可按照电动机在一个工作循环内的平均功耗来选择。

④ 电动机电压应根据使用地点的电源电压来决定，常用为 380V、220V。

⑤ 在没有特殊要求的场合，一般均采用交流电动机。

4. 确定电气控制方案

选择电气控制方案的主要原则如下：

① 自动化程度与国情相适应。

② 控制方式应与设备的通用及专用化相适应。

③ 控制方式随控制过程的复杂程度而变化。

④ 控制系统的工作方式，应在经济、安全的前提下，最大限度地满足工艺要求。

5. 设计电气控制原理线路图并合理选择元件

设计控制线路图，编制元件目录清单，详细内容见 4.2 节。

6. 设计电气设备制造、安装、调试所必需的各种施工图纸

设计各种施工图纸，以此为根据编制各种材料定额清单，详细内容见 4.3 节。

4.1.3 电气控制系统设计的基础原则

1. 最大限度实现生产机械和工艺对电气控制系统的要求

电气控制系统是为整个生产机械设备及其工艺过程服务的。因此，在设计之前，首先要弄清楚生产机械设备需要满足的生产工艺要求，对生产机械设备的整个工作情况做全面细致的了解。同时深入现场调查研究，收集资料，并结合技术人员及现场操作人员的经验，以此作为设计电气控制线路的基础。

2. 在满足生产工艺要求的前提下，力求使控制线路简单、经济

① 尽量选用标准电气元件，尽量减少电气元件的数量，尽量选用相同型号的电气元件以减少备用品的数量。

② 尽量选用标准的、常用的或经过实践考验的典型环节或基本电气控制线路。

③ 尽量减少不必要的触点，以简化电气控制线路。

常用的减少触点数目的方法有以下几种。

● 合并同类触点，如图 4-1 所示。

● 利用转换触点的方式。

利用具有转换触点的中间继电器将两对触点合并成一对转换触点，如图 4-2 所示。

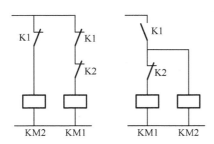
图 4-1　合并同类触点

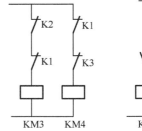
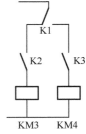
图 4-2　具有转换触点的中间继电器应用

● 利用半导体二极管的单向导电性减少触点数目。

如图 4-3 所示，利用二极管的单向导电性可减少一个触点。这种方法只适用于控制电路所用电源为直流电源的场合，在使用中还要注意电源的极性。

● 利用逻辑代数的方法来减少触点数目。

如图 4-4（a）所示，图中含有的触点数目为 5 个，其逻辑表达式为 K=AB+ABC，经逻辑化简后，K=AB，这样就可以将其简化为只含有两个触点的电路，如图 4-4（b）所示。

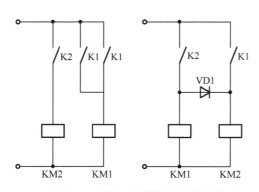
图 4-3　利用二极管简化控制电路

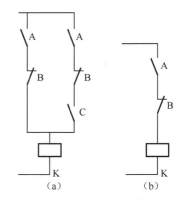
图 4-4　利用逻辑代数减少触点

④ 尽量减少连接导线的数量并缩短导线长度。

在设计电气控制线路时，应根据实际环境情况，合理考虑并安排各种电气设备和电气元件的位置及实际连线，以保证各种电气设备和电气元件之间的连接导线的数量最少，导线的长度最短。

如图 4-5 所示，仅从线路上分析，没有什么不同，但考虑实际接线，图 4-5（a）中的接线就不合理，图 4-5（b）中的接线合理。

特别要注意，同一电器的不同触点在电气线路中尽可能具有更多的公共连接线，这样，可减少导线段数和缩短导线长度，如图4-6所示。图4-6（a）中用四根长导线连接，而图4-6（b）中用三根长导线连接。

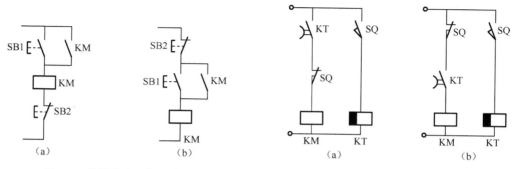

图4-5　接线的合理与不合理　　　　　图4-6　节省连接导线的方法

控制线路在工作时，除必要的电气元件必须通电外，其余的尽量不通电以节约电能。如图4-7（a）所示，在接触器 KM2 得电后，接触器 KM1 和时间继电器 KT 就失去了作用，不必继续通电。若改成图4-7（b），KM2 得电后，切断了 KM1 和 KT 的电源，节约了电能，延长了该电气元件的寿命。

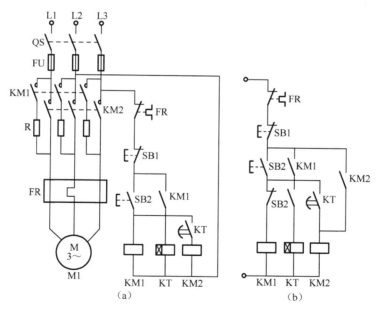

图4-7　节约电能方法

3. 保证电气控制线路工作的可靠性

保证电气控制线路工作的可靠性，最主要的是选择可靠的电气元件。同时，在具体的电气控制线路设计上要注意以下几点。

① 正确连接电气元件的触点。

同一电气元件的动合和动断触点靠得很近，分别在电源的不同相上，如图4-8所示。

② 正确连接电器的线圈。

● 在交流控制线路中不允许串联两个电气元件的线圈，即使外加电压是两个线圈额定电压之和，如图4-9所示。

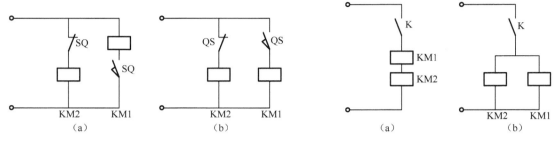

图4-8　触点正确连接　　　　　　　　　　图4-9　线圈的正确连接

● 两电感量相差悬殊的直流电压线圈不能直接并联，如图4-10所示。

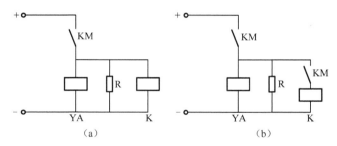

图4-10　电磁铁与继电器线圈的连接

③ 避免出现寄生电路。

在电气控制线路和动作过程中，意外接通电路称为寄生电路。寄生电路将破坏电气元件和控制线路的工作顺序或造成误动作，如图4-11所示。

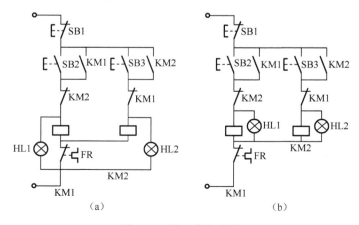

图4-11　防止寄生电路

④ 在电气控制线路中应尽量避免许多电气元件依次动作才能接通另一个电气元件的控制线路。

⑤ 在频繁操作的可逆线路中，正反接触器之间要有电气联锁和机械联锁。

⑥ 设计的电气控制线路应能适应所在电网的情况，并据此来确定电动机的启动方式是直接启动还是间接启动。

⑦ 在设计电气控制线路时，应充分考虑继电器触点的接通和分断能力。若要增强接通能力，可用多触点并联；若要增强分断能力，可用多触点串联。

4. 保证电气控制线路工作的安全性

电气控制线路应具有完善的保护环节，以保证整个生产机械安全运行，消除其工作不正常或误操作所带来的不利影响，避免事故的发生。在电气控制线路中常设的保护环节有短路、过流、过载、失压、弱磁、超速、极限等保护。

（1）短路保护

在电路发生短路时，强大的短路电流容易引起各种电气设备和电气元件的绝缘损坏及机械损坏。因此，短路时，应迅速而可靠地切断电源，如图 4-12 所示为采用熔断器做短路保护的电路。

（2）过电流保护

在电动机运行过程中，有各种各样的现象，会引起电动机产生很大的电流，从而造成电动机或生产机械设备的损坏。例如，不正确的启动和过大的负载会引起电动机很大的过电流；过大的冲击负载会引起电动机过大的冲击电流，损坏电动机的换向器；过大的电动机转矩会使生产机械的机械转动部分损坏。因此，为保证电动机安全运行，在这种条件下，有必要设置过电流保护，如图 4-13 所示。

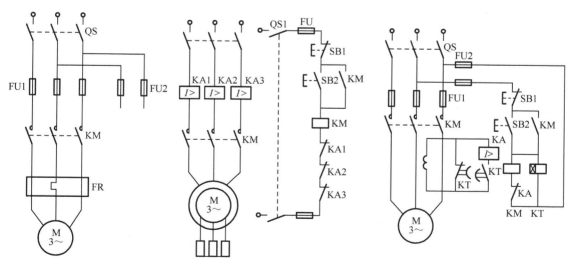

图 4-12   熔断器短路保护   图 4-13   过电流保护

（3）过载保护

如果电动机长期超载运行，其绕组的温升超过允许值，就会损坏电动机。此时应设置过载保护环节。这种保护多采用具有反时限特性的热继电器作为保护环节，同时装有熔断器或过流继电器配合使用，如图 4-14 所示。

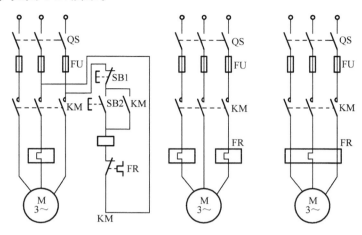

图 4-14　过载保护

（4）失压保护

在电动机正常工作时，由于电源的电压消失而使电动机停转，当电源电压恢复后，有时，电动机就会自行启动，从而造成人身伤亡和设备损坏的事故。防止电压恢复时电动机自启动的保护称为失压保护。一般通过并联在启动按钮上的接触器的动合触点［图 4-15（a）］，或通过并联在主令控制器的零位动合触点上的零位继电器的动合触点［图 4-15（b）］，实现失压保护。

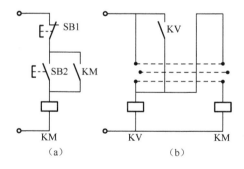

（a）　　　　　　　　　（b）

图 4-15　失压保护

（5）弱磁保护

直流并励电动机、复励电动机在励磁磁场减弱或消失时，会引起电动机的"飞车"现象。此时，有必要在控制线路中采用弱磁保护环节。一般用弱磁继电器，其吸上值一般整定为额定励磁电流的 0.8 倍。

（6）极限保护

机械设备运行到极限位置时，用位置开关切断控制电路，实现行程保护，如摇臂钻床的摇臂升降电动机的控制电路中的 SQ1a 和 SQ1b。

5. 应力求操作、维护、检修方便

电气控制线路对电气控制设备而言应力求维修方便。

① 体积大和较重的元件应安装在电气柜的下面，发热元件应安装在电气柜的上面。

② 强电与弱电分开，应注意弱电屏蔽，防止外界干扰。

③ 需要经常维护、检修、调整的电气元件的安装位置不宜过高或过低。

④ 电气元件的布置应考虑整齐、美观、对称。结构和外形尺寸较类似的电气元件应安装在一起，以利于加工、安装、配线。

⑤ 各种电气元件的布置不宜过密，要有一定的间距。

4.2　电气原理线路的设计步骤和方法

4.2.1　电气原理线路经验设计法

1. 经验设计法的基本步骤

一般的生产机械电气控制线路设计包含主电路、控制电路和辅助电路等的设计。

① 主电路设计：主要考虑电动机的启动、正反转、制动和调速。

② 控制电路设计：包括基本控制线路和控制线路特殊部分的设计，以及选择控制参量和确定控制原则。

③ 联锁保护环节设计：主要考虑如何完成整个控制线路的设计，包括各种联锁环节，以及短路、过载、过流、失压等保护环节。

④ 线路的综合审查：反复审查所设计的控制线路是否满足设计原则和生产工艺要求。在条件允许的情况下，进行模拟实验，完善整个电气控制线路的设计，直至满足生产工艺要求。

2. 经验设计举例

（1）皮带运输机的工艺要求

① 启动时，顺序为 3#、2#、1#，并要有一定的时间间隔，以免货物在皮带上堆积，造成后面的皮带重载启动。

② 停车时，顺序为 1#、2#、3#，以保证停车后皮带上不残存货物。

③ 不论 2#或 3#哪一个出故障，1#必须停车，以免继续进料，造成货物堆积。

④ 采取必要的保护。

（2）主电路设计

三条皮带运输机由三台电动机拖动，均采用笼型异步电动机，三台电动机都用熔断器来做短路保护，用热继电器来做过载保护。由此设计的主电路如图 4-16 所示。

（3）基本控制电路的设计

三台电动机由三个接触器控制其启停。只有 KM3 动作后，按下 SB3，KM2 线圈才能通电

动作，然后按下 SB1，KM2 线圈通电动作，实现了电动机的顺序启动。同理，只有 KM1 断电释放，按下 SB4，KM2 线圈才能断电，按下 SB6，KM3 线圈断电，实现电动机的顺序停车。

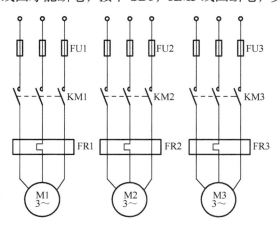

图 4-16　皮带运输机主电路图

（4）设计控制线路的特殊部分

图 4-17 所示的控制线路显然是手动控制，为了实现自动控制，皮带运输机的启动和停车过程可以用行程参量加以控制。

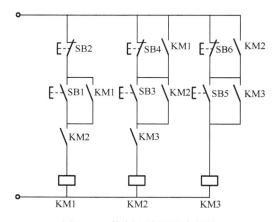

图 4-17　控制电路的基本部分

以通电延时的动合触点作为启动信号，以断电延时的动合触点作为停车信号。为使三条皮带自动地按顺序进行工作，采用中间继电器 K，其线路如图 4-18 所示。

（5）设计联锁保护环节

按下 SB1 发出停车指令时，KT1、KT2、K 同时断电，其动合触点瞬时断电，接触器 KM2、KM3 若不加自锁，则 KT3、KT4 的延时将不起作用，KM2、KM3 线圈将瞬时断电，电动机不能按顺序停车，所以须加自锁环节。三台热继电器的保护触点均串联在 K 的线圈电路中，无论哪一个环节皮带发生过载，都能按 1#、2#、3#顺序停车。线路的失压保护由继电器 K 实现。

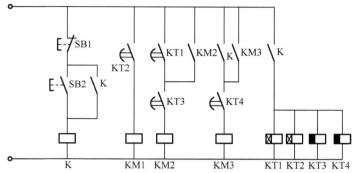

图 4-18　控制电路的自动部分

（6）线路的综合审查

完整的控制线路如图 4-19 所示。

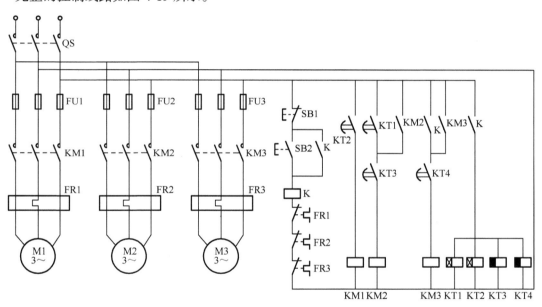

图 4-19　完整的电气控制线路图

按下停止按钮 SB1，继电器 K 断电释放，4 个时间继电器同时断电，KT1、KT2 的动合触点立即断开，KM1 失电，电动机停车。由于 KM2 自锁，所以，KM3 的整定时间，KM3 断开，使 KM2 断电，电动机 M2 停车；最后，KM4 的整定时间，KM4 的动合触点断开，使 KM3 线圈断电，电动机 M3 停车。

4.2.2　逻辑设计法

1. 逻辑代数基础

（1）逻辑代数中的逻辑变量和逻辑函数

逻辑代数中有两种对立的工作状态的物理量称为逻辑变量，采用逻辑 "0" 和逻辑 "1" 表

示。因此，在继电接触式电气控制线路中明确规定：

① 电气元件的线圈通电为"1"状态，线圈失电为"0"状态。

② 触点闭合为"1"状态，触点断开为"0"状态。

③ 主令元件如行程开关、主令控制器等，触点闭合为"1"状态，触点断开为"0"状态。

（2）逻辑函数

输出逻辑变量与输入逻辑变量之间所满足的关系称为逻辑函数关系，简称逻辑关系。

（3）逻辑代数的运算法则

① 逻辑与——触点串联。

能够实现逻辑与运算的电路如图4-20（a）所示。

逻辑表达式为K=A*B。

② 逻辑或——触点并联。

能够实现逻辑或运算的电路如图4-20（b）所示。

逻辑表达式为K=A+B。

其表达式的含义为触点 A 与 B 只要有一个闭合，线圈 K 就可以得电。

③ 逻辑非——动断触点。

能够实现逻辑非运算的电路如图4-20（c）所示

逻辑表达式为 $K = \overline{A}$。

其表达式的含义为触点 A 断开，则线圈 K 通电。

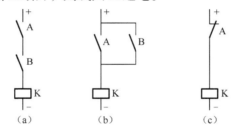

图 4-20　逻辑关系"与"、"或"、"非"

（4）逻辑代数的基本定理

① 交换律：A*B=B*A，A+B=B+A

② 结合律：A*(B*C)=(A*B)*C，A+(B+C)=(A+B)+C

③ 分配律：A*(B+A)=A*B+A*C，A+(B*C)=(A+B)*(A+C)

④ 重叠律：A*A=A，A*(A+B)=A

⑤ 吸收律：A+AB=A+B，A+AB=A+B

⑥ 非非律：$A = \overline{\overline{A}}$

⑦ 反演律：$\overline{A+B}=\overline{A}*\overline{B}$，$\overline{A+B}$

（5）逻辑代数的化简

化简时经常用到的方法有以下几种。

① 合并项法：利用 AB+AB=A，将两项合为一项。

② 吸收法：利用 A+AB=A 消去多余的因子。

③ 消去法：利用 A+AB=A+B 消去多余的因子。

④ 配项法：利用逻辑表达式乘以一个"1"和加上一个"0"其逻辑功能不变来进行化简。

2. 逻辑设计法的基本步骤

逻辑设计法的基本步骤如下：

① 根据生产工艺要求，作出工作循环示意图。

② 确定执行元件和检测元件状态表。

③ 根据主令元件和检测元件状态表写出各程序的特征数，确定各种待区分组，增加必要的中间记忆元件，使待区分组的所有程序区分开。

④ 列出中间记忆元件开关逻辑函数式。

⑤ 根据逻辑函数式建立电气控制线路图，如图 4-21 所示。

⑥ 进一步检查、化简、完善电路，增加必要的保护和联锁环节。

逻辑设计举例如下。

① 皮带运输机的工作循环示意图，如图 4-22 所示。

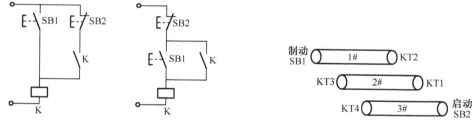

图 4-21　启停自锁电路　　　　　图 4-22　皮带运输机工作循环示意图

② 执行元件的动作节拍和检测元件状态表见表 4-1。时间继电器及按钮接触状态表见表 4-2。

表 4-1　执行元件的动作节拍和检测元件状态表

程　　序	状　　态	元件线圈状态						
		KM1	KM2	KM3	KT1	KT2	KT3	KT4
0	原位	0	0	0	0	0	0	0
1	3#启动	0	0	1	1	1	1	1
2	2#启动	0	1	1	1	1	1	1
3	1#启动	1	1	1	1	1	1	1
4	1#停车	0	1	1	0	0	0	0
5	2#停车	0	0	1	0	0	0	0
6	3#停车	0	0	0	0	0	0	0

表 4-2   时间继电器及按钮接触状态表

程　序	状　态	检测或控制元件触点状态						转换主令信号
		KT1	KT2	KT3	KT4	SB1	SB2	
0	原位	0	0	0	0	0	0	
1	3#启动	0	0	1	1	1	1	SB2 KT3 KT4
2	2#启动	0	1	1	1	1	1	KT1
3	1#启动	1	1	1	1	1	1	KT2
4	1#停车	0	1	1	0	0	0	SB1 KT1 KT2
5	2#停车	0	0	1	0	0	0	KT3
6	3#停车	0	0	0	0	0	0	KT4

③ 确定待区分组，设置中间记忆元件。

根据控制或检测元件状态表得到程序特征数，见表 4-3。

表 4-3   程序特征数

0 程序特征数	000010	4 程序特征数	001100, 001110
1 程序特征数	001111, 001110	5 程序特征数	000110
2 程序特征数	101110	6 程序特征数	000010
3 程序特征数	111110		

④ 列出元件的逻辑函数式。

KM3=(SB2+KM3)KT4

KM2=(KT1+KT2)KT3

KM1=SB1*KT2

KT1=(SB2+KT1)SB1

KT2=(SB2+KT2)SB2

KT3=(SB2+KT3)SB1

KT4=(SB2+KT4)SB1

最后四个公式可以用一个公式代替，由于 KT1~KT4 线圈的通、断电信号相同，所以自锁信号用 KT1 的瞬动触点来代替。

⑤ 按逻辑函数式画出电气控制线路，如图 4-23 所示。

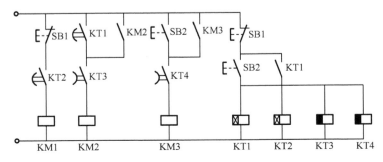

图 4-23   电气控制线路

⑥ 进一步完善电路，增加必要的联锁和保护环节（图 4-24）。

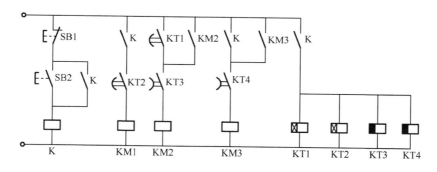

图 4-24 带保护环节的电气控制线路

3. 电气原理图的绘制规则

原理图一般分为主电路和辅助电路两部分。主电路就是从电源到电动机大电流通过的路径。辅助电路包括控制电路、照明电路、信号电路及保护电路等，由继电器和接触器的线圈、继电器的触点、接触器的辅助触点、按钮、照明灯、信号灯、控制变压器等电气元件组成。

控制系统内的全部电动机、电器和其他器械的带电部件，都应在原理图中表示出来。原理图中各电气元件不画实际的外形图，而采用国家规定的统一标准图形符号，文字符号也要符合国家标准。

原理图中，各个电气元件和部件在控制线路中的位置，应根据便于阅读的原则安排。同一元器件的各个部件可以不画在一起。例如，接触器、继电器的线圈和触点可以不画在一起。图中元件、器件和设备的可动部分，都按没有通电和没有外力作用时的开闭状态画出。例如，继电器、接触器的触点，按吸引线圈不通电状态画；主令控制器、万能转换开关按手柄处于零位时的状态画；按钮、行程开关的触点按不受外力作用时的状态画，"左开右闭"、"上闭下开"。

电气元件应按功能布置，并尽可能按水平顺序排列，其布局顺序应该是从上到下，从左到右。电气原理图中，有直接联系的交叉导线连接点，要用黑圆点表示；无直接联系的交叉导线连接点不画黑圆点。

对原理图图面区域进行分区，分区的数字编号放在图的下面，对应的原理图上方标明该区域电路的功能。在继电器、接触器线圈的下方注有该继电器、接触器相应触头所在图中位置的索引代号，左栏为常开触头所在图区号，右栏为常闭触头所在图区号。各电气元件的相关数据和型号，常在电气元件文字符号下方标注。

4.2.3 电气元件布置图及电气安装接线图的设计

设计电气元件布置图及电气安装接线图的目的是满足电气控制设备的调试、使用和维护等要求。在完成电气原理图的设计和绘制及电气元件的选择之后，即可以进行电气元件布置图及电气安装接线图的设计。

1. 电气元件布置图的设计

电气元件布置图通常用来表明电气控制箱中各电气元件的实际安装位置。根据电气元件的外形尺寸及间距尺寸绘出。各电气元件的文字代号必须与相关电路图中电气元件的代号相同。

（1）电气元件布置图的绘制原则

① 同一组件内，电气元件的布置应满足以下原则。

各种电气元件的布置以方便使用为原则，不宜过密，要有一定的间距，以便于维修和更换。体积大和较重的元件应安装在电气柜的最下面，发热元件应安装在电气柜的上面，便于通风。

强电与弱电分开，应注意弱电屏蔽，防止外界干扰。

② 各种电气元件的位置确定之后，即可以进行电气元件布置图的绘制。

③ 在电气元件布置图中，还要根据本部件进出线的数量和采用导线的规格，选择进出线方式及适当的接线端子或插件，按一定顺序在电气元件布置图中标出进出线的接线号。

（2）电气元件布置图设计举例

以 C620—1 型车床电气原理图为例设计它的电气元件布置图，如图 4-25 所示。

① 根据各电器的安装位置不同进行划分。

② 根据各电器的实际外形尺寸进行电器布置。

③ 选择进出线方式，标出接线端子。

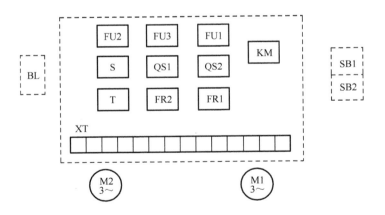

图 4-25　C620—1 型车床电气元件布置图

2. 电气安装接线图的设计

接线图是电气装备进行施工配线、敷线和校线工作时所依据的图样之一。它清晰地表示出各个电气元件和装备的相对安装与敷设位置，凡需要接线的端子都应绘出并予以编号。电气安装接线图根据电气原理图和电气元件布置图进行绘制。按照电气元件布置最合理、连接导线最经济等原则来安排，为安装电气设备、电气元件间的配线及电气故障的检修等提供依据，如图4-26所示。

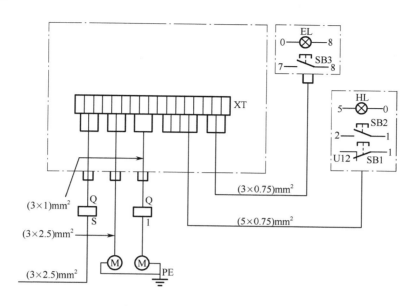

图4-26　电气安装接线图绘制方法

（1）电气安装接线图的绘制原则

① 各电气元件的相对位置应与实际安装的相对位置一致。各电气元件按其实际外形尺寸以统一比例绘制。

② 一个元件的所有部件画在一起，并用点画线框起来。

③ 各电气元件上凡需要接线的端子均予以编号，且与电气原理图中的导线编号一致。

④ 在接线图中，所有电气元件的图形符号、各接线端子的编号和文字必须与原理图中的一致，符合国家的有关规定。

⑤ 电气安装接线图一律采用细实线，成束的接线可用一条实线表示。接线很少时，可直接画出电气元件间的接线方式；接线很多时，接线方式用符号标注在电气元件的接线端，标明接线号和走向，可以不画出两个元件间的接线。

⑥ 接线图中应当标明配线用的电线型号、规格、标称截面。成束的接线还应标明种类、内径、长度及接线根数、接线编号。

⑦ 安装底板内外的电气元件之间的连接须通过接线端子板进行。

⑧ 注明有关接线安装的技术条件。

（2）电气安装接线图举列

同样以 C620—1 型车床为例，根据电器布置，绘制电气安装接线图，如图4-27所示。

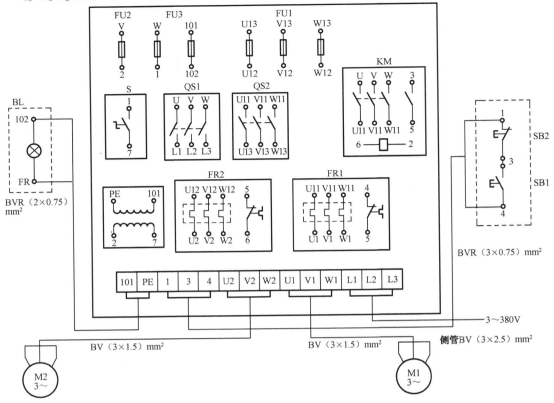

图 4-27　C620—1 型车床电气安装接线图

4.3　电气控制系统的安装与调试

为了系统的安装和使用，所设计的电气线路必须满足生产机械的生产工艺要求。电气控制线路的动作应准确，动作顺序和安装位置要合理。为防止电气控制线路发生故障，对设备和人身造成伤害，电气控制线路各环节之间应具有必要的联锁和各种保护措施。为了节约制造成本和维护成本，电气控制线路要简单经济、维护和检修方便。

4.3.1　生产机械电气线路的安装步骤及要求

1.　安装的准备工作

① 在熟悉电气原理图时必须了解以下五方面内容。

● 生产机械的主要形式和运动结构。

● 电气原理图由几部分构成，各部分又有哪几个控制环节，各部分之间的相互关系如何。

● 各种电气元件之间的控制及连接关系。

● 电气控制线路的动作时间。

● 电气元件的种类、数量、规格等。

② 检查电气元件，包括以下几方面。

● 根据电气元件明细表，检查各元件和电气设备是否短缺，规格是否符合设计要求，若不符合要求，应更换或调整。

● 检查电气元件的外观是否损坏，各接线端子及紧固件有无短缺、生锈等。

● 检查有延时作用的电气元件的功能是否正常，如时间继电器的延时动作、延时范围等。

● 用兆欧表检查电气元件及电气设备的绝缘电阻是否符合要求，用万用表或电桥检查电气设备线圈的通断情况，以及各操作机构和复位机构是否灵活。

③ 选择导线。

根据电动机的额定功率、控制电路的电流、控制回路的子回路数及配线方式选择导线。

④ 绘制电气安装接线图。

⑤ 准备好安装工具和检查仪表。

2. 电气控制柜（箱或板）的安装

在完成电气原理图的设计之后，为了达到电气控制柜制造和使用的要求，必须对电气控制柜进行合理的工艺设计。工艺设计的主要目的是方便组织和实现电气控制柜的制造，实现电气原理图设计要求中的各项指标，并为电气控制柜的安装、调试、验收、维护、使用和维修提供技术资料。一般来说，动力盘、继电器保护控制盘和自动装置盘要分开布置。强、弱电宜分开布置，进行隔离；当有困难时，应有明显标志并设空端子隔开或设加强绝缘的隔板。潮湿环境宜采用防潮端子。接线端子应与导线截面匹配，不应使用小端子配大截面导线，并且一个端子上最多压两根导线。由于各种元件安装位置不同，在构成一个完整的控制系统时，必须划分组件，安排组件的安装位置，还要解决组件之间、电气箱之间以及电气箱与被控制对象之间的连线问题。体积大和较重的电气元件应布置在安装板的下方，发热元件应安装在上方，特别对于PLC要加装风扇，加强空气流通，降低PLC的温升。需要经常维护、检修和调整的元器件安装位置不宜过高或过低。电气元件安装不宜过密，若采用板前装线槽的配线方式，应适当加大各排电气元件的间距，以利于布线和维护。

电气控制柜总体配置设计是根据电气原理图的工作原理和控制要求，先将控制系统合理地划分为若干组成部分，再将各组成部分的安装位置、走线方式、导线互连的关系和使用管线等要求，以电气系统的总装配图与总接线图的形式表达出来，作为实现分部设计和协调各部分正确组成完整系统的依据。在完成总体配置设计、元器件布置图设计之后，根据各自的使用要求，合理地选择柜内所用的连接导线（种类、规格、截面积、外观颜色等）；确定连接导线的走线方式，进行布线设计；绘制电气接线图。

按照国家标准 GB5226—5 中的规定：尽可能把电气设备组装在一起，使其成为一台或几台控制装置；大型设备的各部分可以有其独立的控制装置。

电气控制柜的箱体工艺在设计时，要考虑防护等级要求和材质要求，至少为 IP20，一般为IP65，食品行业要求材质为不锈钢，相应的配线管和桥架至少为热浸锌材质的。此外还要考虑仪表、指示灯以及操作按钮等的安装位置，应符合基本操作规范。总电源一般设紧急停止控制，且放在明显和方便操作的位置上。总体配置设计要使整个系统集中紧凑。

1）安装电气元件

电气元件可按下列步骤进行安装：

① 底板选料，选择合适的金属底板和支架。

② 底板剪裁，按电器布置图的间隔和格局进行切割。

③ 电气元件的位置确定后进行整体布局。

④ 钻孔。

⑤ 固定电气元件。

2）电气元件之间的导线连接

接线时应按照电气安装接线图的要求，并结合电气原理图中的导线编号及配线要求进行。

（1）接线方法

① 连接导线一般选用 BV 型的单股塑料硬线。

② 线路整齐美观，横平竖直，导线之间不交叉、不重叠，转弯处应为直角，成束的导线用线束固定，导线的敷设不影响电气元件的拆卸。

③ 导线和接线端子应保证可靠的电气连接，线端应弯成羊角圈。

④ 每个端子连线不多于两根。

（2）导线的标志

按照从上至下、从左往右，给导线编号。

（3）控制柜的内部配线方法

柜内配线有明配线、暗配线、线槽配线等。

① 电气元件的安装孔、导线的穿线孔其位置应准确，孔的大小应合适。

② 板前与电气元件的连接线应接触可靠，穿板的导线应与板面垂直。

③ 配电盘固定时，应使安装电气元件的一面朝向控制柜的门，便于检查和维修。

④ 对线槽配线，线槽由槽底和盖板组成，其两侧留有导线的进出口，槽中容纳导线（多采用多股软导线做连接导线），视线槽的长短用螺钉固定在底板上。

（4）控制箱外部配线方法

由于控制箱一般处于工业环境中，为防止铁屑、灰尘和液体进入，除必要的保护电缆外，控制箱所有的外部配线一律装入导线通道内。可使用铁管配线及金属软管配线。

① 根据使用的场合、导线截面积、导线根数和管径，管内应留有 40% 的余地。

② 尽量取最短距离敷设线管，管路尽量少弯曲；不得不弯曲时，弯曲半径不应太小，弯曲半径一般不小于管径的 4～6 倍。

③ 对同一电压等级或同一回路的导线允许穿在同一线管内。

④ 线管穿线时可以采用直径 1.2mm 的钢丝做引线。

⑤ 铁管应可靠地保护接地和接零。

⑥ 对生产机械本身所属的各种电器或各种设备之间的连接采用金属软管。

（5）导线的连接步骤

① 配线之前首先要认真阅读电气原理图、电器布置图和电气安装接线图，做到心中有数。

② 考虑负荷的大小，配线方式，回路的不同，导线的规格、型号，以及导线的走向。

③ 首先对主电路进行配线，然后对控制电路进行配线。

④ 具体配线时应满足以上三种配线方式的具体要求及注意事项。

⑤ 导线的敷设不应防碍电气元件的拆卸。

⑥ 配线完成后应根据各种图纸再次检查是否正确无误，若没有错误，将各种紧压件压紧。

4.3.2　电气控制柜的调试

1.　调试前的准备工作

① 调试前必须了解各种电气设备和整个电气系统的功能，掌握调试的方法和步骤。

② 做好调试前的检查工作，避免有危险发生。

2.　电气控制柜的调试顺序

电气控制柜的系统调试，要依照由简单到复杂、由局部到整体的原则，分阶段依次进行空操作（主电路不通电）、空载试验（电动机不带机械负载）和负载调试，逐步完成系统调试任务。

① 空操作：控制电路操作试验，看电气元件动作顺序是否正常，是否满足逻辑关系的要求和顺序。

② 空载试验：主电路电动机动作试验，看其能否正常驱动。

③ 负载调试：逐步加负荷进行试验。

3.　试车的注意事项

① 调试人员在调试前必须熟悉生产机械的结构、操作规程和电气系统的工作要求。

② 通电时，先接通主电源，再接通控制电源；断电时，顺序相反，先切断控制电源，再切断主电路电源。

③ 通电后，注意观察各种现象，随时做好停车准备，以防止意外事故发生。如有异常，应立即停车，待查明原因并处理之后再继续进行。未查明原因不得强行送电。

④ 电气控制柜的系统调试必须严格进行电气控制系统功能的检查，逐步进行试车，不能遗漏和发生功能错误。要进行保护功能检测试验，不能有安全隐患。

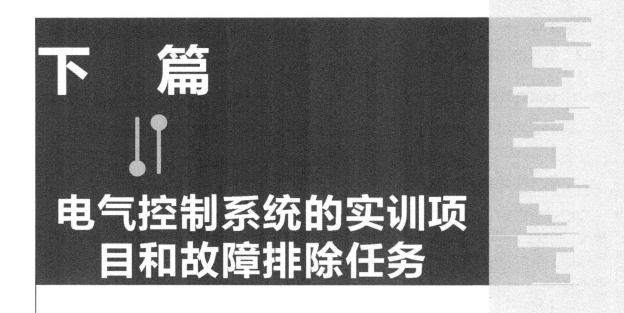

下 篇

电气控制系统的实训项目和故障排除任务

第5章

低压电器的识别与应用

一、实训目的

（1）认识常用的低压电器。

（2）熟悉电器型号的意义。

（3）根据电路挑选合适的低压电气元件并连接。

二、实训内容和步骤

（1）根据摆放的低压电器的实物，写出各电器的名称。

（2）指导教师在上述电器系列不同规格的电器中，选择部分电器（应不少于五个类组 10 件电器），列出清单，学生按照清单选择电气元件。

（3）去掉上述电气元件实物的型号，让学生选择并正确写出各电气元件的型号。

三、所需工具和材料

所需工具和材料见表 5-1。

表 5-1　所需工具和材料

代　　号	名　　称	型 号 规 格	数　　量
—	各电气元件	—	若干
—	万用表	MF47	1
—	导线	BVR—1.0mm	若干
—	常用电工工具	—	1套

四、技能训练

（一）任务要求

（1）将摆放的低压电器的实物进行分类，写出名称、规格、型号。

（2）根据电器原理图选择合适的元件进行接线（图 5-1）。

（二）注意事项

（1）轻拿轻放元件，爱惜公物。

（2）注意各型号的区别，避免用错元件引起危险。

（3）通电调试时，接触器必须固定在开关板上，并在指导教师的监护下进行。

（4）要做到安全操作和文明生产。

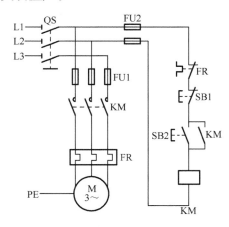

图 5-1　低压电器的连接

五、评分标准

评分标准见表 5-2。

表 5-2　评分标准

项　　目	技 术 要 求	配　　分	评 分 细 则	评 分 记 录
分类识别	按控制和配电类分类	20	（1）分捡元件错误，每次扣 3 分 （2）标注型号错误，每次扣 3 分 （3）损坏零件，每个扣 2 分 （4）分类后不能正确识别，扣 10 分 （5）不认真检查，扣 2 分	
元件检查	正确检测	20	（1）没有检测或检测错误，每个元件扣 5 分 （2）检测步骤及方法不正确，每次扣 5 分 （3）扩大故障、无法修复，扣 20 分	
连接	正确连接	20	（1）不能正确连接，扣 10 分 （2）读图不正确，每次扣 5 分 （3）校验结果不正确，扣 5 分	
通电试验	看控制器件 动作规律	40	（1）不能动作，扣 30 分 （2）动作颤动或出现火花，扣 10 分 （3）动作顺序不正确，扣 30 分	
额定工时 60min	超时，从总分中扣分		每超过 5min，从总分中倒扣 3 分，但不超过 10 分	

六、思考题

（1）常用的配电类低压电器有哪些？常用的控制类低压电器有哪些？

（2）哪些电磁电器须使用灭弧装置？

（3）某电动机的型号为 Y—112M—4，功率为 4kW，△接线，额定电压为 380V，额定电流为 8.8A，试选择开启式负荷开关、组合开关、断路器、熔断器、热继电器的型号规格。

（4）画出下列电气元件的图形符号，并对应标出文字符号：负荷开关、组合开关、断路器、熔断器、热继电器、按钮。

七、知识复习

（一）常见低压电器的外形和符号

相关符号及外形图如图 5-2～图 5-8 所示。

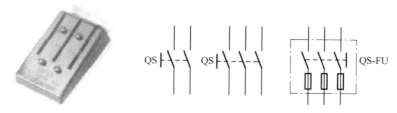

图 5-2　闸刀开关和闸刀开关的图形符号

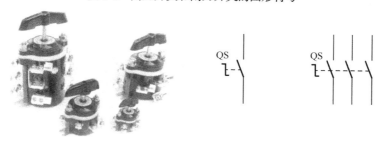

图 5-3　组合开关和组合开关图形符号

图 5-4　低压断路器　　　　　　图 5-5　熔断器

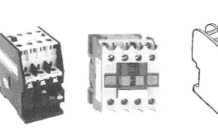
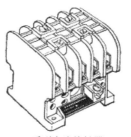

NC1系列交流接触器　　　CJ10系列交流接触器　　　CJ20系列交流接触器

图 5-6　交流接触器

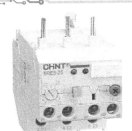

（a）电子式热继电器

（b）双金属片式热继电器

动合触点　　动断触点　　热元件

（c）图形符号

图 5-7　热继电器及其图形符号

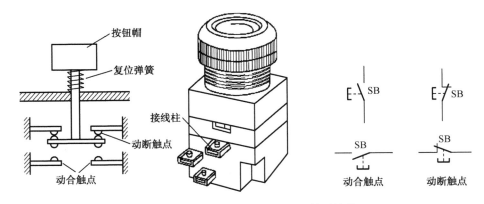

图 5-8　按钮触点图形符号和按钮外形结构

（二）元件选用原则

1．接触器的类型选择

（1）额定电压的选择：接触器的额定电压不小于负载回路的电压。

（2）额定电流的选择：一般接触器的额定电流不小于被控回路的额定电流，对于电动机负载可按经验公式计算。

（3）吸引线圈的额定电压：吸引线圈的额定电压与所接控制电路的电压相一致。

（4）触头数目和种类：应满足主电路和控制电路的要求。

一般机床采用轻载启动，不频繁做正反转转换或 Y-△转换，实际值可选择稍大于计算值。

例如：U_N=380V，P_N=4kW 的三相电动机，求得计算值为 7.5～10.5A，但选择接触器型号时还是选用 CJ10—16 型（额定电流为 16A）为好，如果选用 10A 的接触器，并非不能使用，但经验证明，看似节约了成本，但是由于使用寿命大大缩短，造成维修费用增加和停机生产损失，甚至导致电动机单相故障运行或启动，使电动机烧损的概率增加，反而得不偿失。

2．控制电热设备用交流接触器的选用

这类设备有电阻炉、调温加热器等，此类负载的电流波动范围很小，按使用类别分属于AC-1，接触器控制此类负载是很轻松的，而且操作也不频繁。因此，选用接触器时，只要满足接触器的约定发热电流等于或大于电热设备的工作电流的 1.2 倍即可。

例：试选用一接触器来控制 380V、15kW 三相 Y 形接法的电阻炉。

解：先算出各相额定工作电流 I_e。

$$I_e = \frac{P_e}{\sqrt{3}U_e} = \frac{15000}{\sqrt{3} \times 380} = 22.7(\text{A})$$

$$I_{th} = 1.2I_e = 1.2 \times 22.7 = 27.2\text{A}$$

因而可选用约定发热电流 $I_{th} \geq 27.2\text{A}$ 的任何型号接触器，如 CJ20—25、CJX2—18、CJX1—22、CJX5—22 等型号。

3. 控制照明设备用接触器的选用

此类负载使用类别为 AC-5a 或 AC-5b。如启动时间很短，选择其约定发热电流 I_{th} 等于照明设备工作电流 I_e 的 1.1 倍即可；启动时间稍长以及功率因数较低的，可选择其约定发热电流比照明设备的工作电流更大一些。

4. 笼型感应电动机 AC-3 使用类别用接触器的选用

笼型电动机的启动电流约为电动机额定电流 I_e 的 6 倍，接触器分断电流为电动机额定电流 I_e。其使用类别为 AC-3，如水泵、风机、拉丝机、镗床、印刷机等。选用的方法有查表法和查选用曲线法，在产品样本中直接列出在不同额定工作电压下的额定工作电流和可控制电动机的功率，以免除用户的换算，这时可以按电动机功率或额定工作电流，用查表法选用接触器（表 5-3 ）。

表 5-3　接触器选用表

型号	380V，AC-3 额定工作电流/A	控制功率/kW				
		220V	380V	415V	440V	660V
CJX2—09	9	2.2	4	4	4	5.5
CJX2—12	12	3	5.5	5.5	5.5	7.5
CJX2—18	16	4	7.5	9	9	10
CJX2—25	25	5.5	11	11	11	15
CJX2—32	32	7.5	15	15	15	18.5
CJX2—40	40	11	18.5	22	22	30
CJX2—50	50	15	22	25	30	33
CJX2—63	63	18.5	30	37	37	37
CJX2—80	80	22	37	45	45	45
CJX2—95	95	22	45	45	45	45

5. 绕线式感应电动机 AC-2 使用类别用接触器的选用

此类负载下接触器的接通电流与分断电流均为电动机额定电流 I_e 的 2.5 倍。

6. 笼型感应电动机 AC-4 使用类别用接触器的选用

当电动机处于点动或需要反向运转、反接制动时，负载与 AC-3 不同，其接通电流为 $6I_e$，为 AC-4 使用类别。

在 AC-4 使用类别下控制的电动机对应功率要比 AC-3 条件下小一些。

第 6 章

交流接触器的整合和检测

一、实训目的

（1）理解交流接触器的型号含义。

（2）了解交流接触器的基本原理及结构。

（3）掌握交流接触器的图形符号和文字符号，学会选用交流接触器。

（4）学会交流接触器的拆装、检修与调试。

二、实训内容和步骤

选择交流接触器进行拆卸和调整，然后进行组装。

（一）拆卸

（1）拆下灭弧罩。

（2）拉紧主触头定位弹簧夹，将主触头侧转 45° 后取下主触头和压力弹簧片。

（3）松开辅助常开静触头的螺钉，卸下常开静触头。

（4）用手按压底盖板，卸下螺钉，取下底盖板。

（5）取出静铁芯、静铁芯支架及缓冲弹簧。

（6）拔出线圈弹簧片，取出线圈。

（7）取出反作用弹簧和动铁芯塑料支架。

（8）从支架上取下动铁芯定位销，取下动铁芯。

（二）检修

（1）检查灭弧罩有无破裂或烧损，清除灭弧罩内的金属飞溅物和颗粒，保持灭弧罩内清洁。

（2）检查触头磨损的程度，磨损严重时应更换触头。若不需要更换，应清除表面上烧毛的颗粒。

（3）检查触头压力弹簧及反作用弹簧是否变形和弹力不足。

（4）检查铁芯有无变形及端面接触是否平整。

（5）用万用表检查线圈是否有短路或断路现象。

将万用表旋到电阻 $R×10$ 挡位进行测量，首先进行欧姆调零，然后进行测量。如测量出线圈电阻值很小或为 0，则线圈短路；如果电阻值很大或为∞，则线圈断路，应更换线圈。

（三）装配

按拆卸的逆序进行装配。

（四）调试

接触器装配好后进行调试。

（1）将装配好的接触器接入电路，如图 6-1 所示。

（2）将调压器调到零位。

（3）合上开关，均匀调节自耦调压器，使输出电压逐渐增大，直到接触器吸合为止，此时电压表上的电压值就是接触器吸合动作电压值，该电压值应小于或等于接触器表面的线圈额定电压的 85%。接触器吸合后，接在接触器主触头上的灯应点亮。

三、所需材料和工具

所需材料和工具见表 6-1。

表 6-1　材料和工具

代号	名称	型号规格	数量
—	交流接触器	CJ20	1
—	自耦调压器	—	1
V	交流电压表	85L1—V，400V	1
—	万用表	MF47	1
—	导线	BVR—1.0mm	若干
—	常用电工工具	—	1套

四、技能训练

（一）任务要求

（1）拆装交流接触器。

（2）检修交流接触器。

（3）校验交流接触器。

（4）调试交流接触器。

（5）通电调试时，接触器必须固定在开关板上，并在指导教师的监护下进行。

（6）要做到安全操作和文明生产。

（二）注意事项

（1）拆卸前，应备有盛装零件的容器，以免零件丢失。

（2）拆卸过程中，不允许硬撬，以免损坏电气元件。

（3）装配辅助静触头时，要防止卡住动触头。

（4）自耦调压器金属外壳必须接地。

（5）调节自耦调压器时，应均匀用力，不可过快。

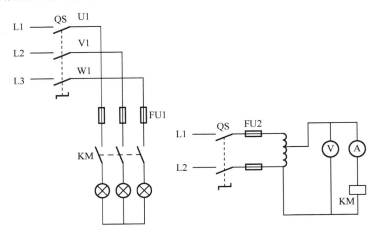

图 6-1　接触器测试电路

五、评分标准

评分标准见表 6-2。

表 6-2　评分标准

项　　目	技术要求	配　　分	评分细则	评分记录
拆卸和装配	正确拆装	20	（1）拆卸步骤及方法不正确，每次扣3分 （2）拆装不熟练，扣3分 （3）丢失零件，每个扣2分 （4）拆卸后不能组装，扣10分 （5）损坏零件，扣2分	
检修	正确检修	30	（1）没有检修或检修无效果，每次扣5分 （2）检修步骤及方法不正确，每次扣5分 （3）扩大故障、无法修复，扣20分	
校验	正确校验	25	（1）不能进行通电校验，扣5分 （2）校验方法不正确，每次扣2分 （3）校验结果不正确，扣5分 （4）通电时有振动或噪声，扣10分	
调整触头压力	正确调整	25	（1）不能判断触头压力，扣10分 （1）触头压力调整方法不正确，扣15分	
额定工时60min	超时，从总分中扣分		每超过5min，从总分中倒扣3分，但不超过10分	

六、思考题

（1）交流接触器铁芯上的短路环断裂后会产生什么现象？

（2）交流接触器动作时常开和常闭触头的顺序是怎样的？如何用万用表进行判定？

（3）某电动机的型号为 Y—112M—4，功率为 4kW，△接法，额定电压为 380V，额定电流为 8.8A。如果控制线路的控制电压为 127V，试选择交流接触器的型号规格。

（4）如果交流接触器没有灭弧装置，会产生什么恶果？

七、知识复习

（一）交流接触器的结构

交流接触器主要由电磁系统、触头系统、灭弧装置以及附件构成，如图 6-2 所示。

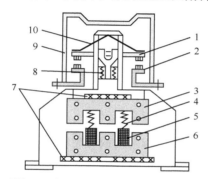

1—动触头；2—静触头；3—衔铁；4—弹簧；5—线圈；6—铁芯；7—垫毡；8—触头弹簧；9—灭弧罩；10—触头压力弹簧

图 6-2　交流接触器结构示意图

（二）型号含义

型号含义如图 6-3 所示。

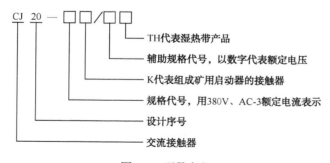

图 6-3　型号含义

（三）交流接触器电磁系统

交流接触器电磁系统主要由线圈、静铁芯、动铁芯（衔铁）三部分组成。电磁系统的主要作用是利用线圈的通电或断电，使动铁芯和静铁芯吸合或释放，从而带动动触头与静触头闭合或分断，实现电路接通或断开。交流接触器的静铁芯和动铁芯一般用 E 形硅钢片叠压铆成，其目的是减少工作时交变磁场在铁芯中产生的涡流，避免铁芯过热。为了减少接触器吸合时产生的振动和噪声，在静铁芯上装有一个铜短路环（又称减振环），如图 6-4 所示。

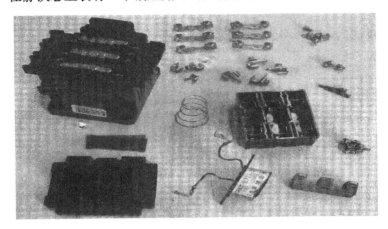

图 6-4　接触器拆解件

（四）交流接触器触头系统

触头系统是接触器的执行元件，用以接通或分断所控制的电路。触头系统必须工作可靠、接触良好。交流接触器的三个主触头在接触器中央，触头较大，两个复合辅助触头分别位于主触头的左、右侧，上方为辅助动断触头，下方为辅助动合触头。辅助触头用于控制回路通断，起电气联锁作用。交流接触器的触头有桥式触头和指形触头两种形式，桥式触头如图 6-5 所示。

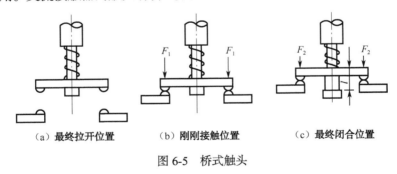

（a）最终拉开位置　　　（b）刚刚接触位置　　　（c）最终闭合位置

图 6-5　桥式触头

（五）交流接触器的灭弧装置

交流接触器在断开大电流时，在动、静触头之间会产生强大的电弧。电弧是触头间气体在强电场作用下产生的放电现象，电弧的产生会灼伤触头，缩短触头使用寿命，甚至会造成弧光短路引起火灾，因此要采取措施使电弧尽快熄灭。在交流接触器中常用的灭弧方法有双断口电力灭弧、纵缝灭弧、栅片灭弧三种。

（六）工作原理

当交流接触器的线圈通电后，线圈中流过的电流产生磁场，使铁芯产生足够大的吸力，克服反作用力，将衔铁吸合，通过传动机构带动三对主触头和辅助常开触头闭合，辅助常闭触头断开。当接触器线圈断电或电压显著下降时，由于电磁力消失或减小，衔铁在反作用弹簧的作用下复位，带动各触头恢复到原始状态。交流接触器的图形符号与文字符号如图 6-6 所示。

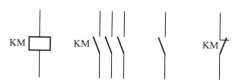

图 6-6　交流接触器的图形符号与文字符号

（七）使用注意事项

（1）交流接触器的主触头的额定电流应等于或稍大于被控制负载的额定电流。

（2）交流接触器的线圈电压应等于控制线路中的控制电压。如果控制线路比较简单，所用的接触器数量较少，则交流接触器线圈的额定电压一般直接选用 380V 或 220V；如果控制线路比较复杂，使用的电器又比较多，为了安全起见，线圈的额定电压可选低一点。在机床控制设备中线圈额定电压一般采用 110V。

（3）交流接触器的触头数量应满足控制线路要求。如触点数量不足，可加设中间继电器。

（4）安装前，应检查接触器铭牌与线圈的数据是否符合实际使用要求。

（5）检查外观，其外观应无损伤。

（6）应垂直安装，倾斜度不得超过 5°。

（7）散热孔应垂直向上，以利散热。

（8）接线时，注意螺钉、线头或零部件不要掉入接触器内部。

第 7 章

三相笼型异步电动机正反转控制线路安装调试

一、实训目的

（1）熟悉三相笼型异步电动机正反转控制线路原理和动作规律。

（2）学会正确选择和使用低压电器的方法。

（3）按要求阅读电气原理图，按图配线，按教材要求按时完成电路。

（4）完成电路的通电调试。

二、实训内容和步骤

（1）根据三相笼型异步电动机正反转控制电路（图 7-1）选择电动机、交流接触器和按钮开关等低压电器，并按要求测试合格。

（2）根据所给的元件绘出元件布置图并进行安装。

（3）按三相笼型异步电动机正反转启动控制电气原理图接线，经检查后通电试验并实现电路功能。

三、所需材料和工具

所需材料和工具见表 7-1。

表 7-1 材料和工具

代　号	元件名称	型号规格	数　量	备　注
M	三相交流异步电动机	Y—112M—4/4kW，△接法 380V，8.8A，1440r/min		
QS	自动开关	65N D10/3P		
FU1	熔断器	RL1—60/25A	3	
FU2	熔断器	RLlt5/2A	2	
KM1、KM2	交流接触器	C10—10，220V	1	
FR	热继电器	FR36—20/3，整定电流为8.8A	1	
SB1	启动按钮	LA10—2H		绿色
SB2	停止按钮			红色

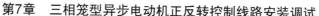

续表

代　　号	元 件 名 称	型 号 规 格	数　量	备　注
XT	接线端子	JX2—Y010		
—	导线	BV—1.5mm，1mm	若干	
—	冷压接头	1mm	若干	
—	万用表	MF47	1	
—	网孔板	500mm×400mm	1	

四、技能训练

（一）检测和布置元件

（1）根据表 7-1 配齐所用电气元件，并检查元件质量。

（2）根据图 7-1 画出元件布置图，如图 7-2 所示。

（3）根据元件布置图安装元件，各元件的安装位置整齐、匀称、间距合理，便于元件的更换；元件紧固时用力均匀，紧固程度适当；按钮安装在控制板上（实际生产设备中按钮安装在机械设备上）。

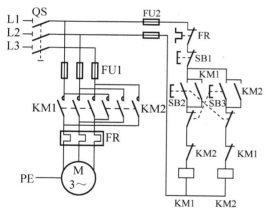

图 7-1　异步电动机正反转控制电路

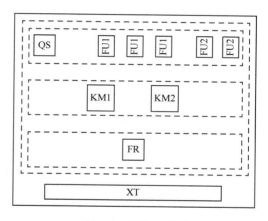

图 7-2　元件布置图

（二）布线

（1）根据图 7-1 布线，布线时以接触器为中心，由里向外、由低至高，按先电源电路、再控制电路、后主电路进行布线，以不妨碍后续布线为原则。

（2）连接按钮内部。

（3）连接按钮和控制电路。

（4）连接电动机和按钮金属外壳的保护接地线。

（5）连接电动机和电源。

（三）通电调试

（1）整定热继电器。

（2）确认电动机三相绕组连接正常和三相电源正常。

（3）通电前，应认真检查有无错接、漏接，避免不能正常运转或出现短路事故。

（4）通电试车时，注意观察接触器情况，观察电动机运转是否正常，若有异常现象，应马上停车并处理。

（5）试车完毕，应遵循停转、切断电源、拆除三相电源线、拆除电动机线的顺序进行操作。

五、评分标准

评分表见表 7-2。

表 7-2 正反转控制电路评分表

项 目	技术要求	配 分	评分细则	评 分 记 录
检测任务	正确无误检查所需元件	5	电气元件漏检或错验，每个扣 1 分	
安装元件任务	按元件布置图合理安装元件	15	不按布置图安装，扣 3 分 元件安装不牢固，每个扣 0.5 分 元件安装不整齐、不合理，扣 2 分 损坏元件，扣 10 分	
布线任务	按控制接线图正确接线	40	不按控制线路图接线，扣 10 分 线槽内导线交叉超过 3 处，扣 3 分 线槽对接不呈 90°，每处扣 1 分 接点松动，露铜过长，反圈、有毛刺，标记线号不清楚、遗漏或误标，每处扣 0.5 分 损伤导线，每处扣 0.5 分	
调试试车任务	正确整定元件，检查无误，通电试车一次成功	40	热继电器未整定或错误，扣 5 分 熔体选择错误，每组扣 10 分 试车不成功，每返工一次扣 5 分	
时间要求 120min	超时，此项从总分中扣分		每超过 5min，从总分中扣 3 分，但不超过 10 分	
安全要求	按照安全、文明生产要求		违反安全文明生产从总分扣 5 分	

六、思考题

（1）在图 7-1 中，如果反转不工作，试分析可能的故障原因。

（2）在图 7-1 中，若控制电路正常，正转接触器 KM1 通电吸合，而电动机不运转，试分析可能的故障原因。

（3）在图 7-1 中，若正反转控制电路都不工作，试分析可能的故障原因。

（4）试画出正反转点动控制线路。

（5）图 7-1 所示正反转接触器控制电路通电回路中分别接有 KM1 和 KM2 常闭触点，各接点起什么作用？如不接能否正常工作？

七、知识复习

（一）异步电动机正反转全压启动控制线路工作原理

合上 QS，按下 SB2，KM1 线圈吸合，KM1 主触点闭合，电动机 M 全压运转；KM1 辅助常开触点闭合，KM1 自锁；按下 SB1，KM1 线圈断电，KM1 主触点、辅助触点断开，电动机 M 停止。

合上 QS，按下 SB3，KM2 线圈吸合，KM2 主触点闭合，电动机 M 反转运转，KM2 辅助触点闭合自锁；按下 SB1，KM2 线圈断电，KM2 主触点、辅助触点断开，电动机 M 停止。

（二）控制线路的各联锁环节

（1）双重联锁防电源短路保护：采用复合按钮进行机械互锁，采用接触器常闭触点串接的方式进行电气互锁，防止正反转接触器同时吸合造成电源短路。

（2）熔断器 FU1、FU2 分别对主电路和控制电路进行短路保护。

（3）采用热继电器进行过载保护。

（三）电动机基本控制线路故障检修的一般方法

1. 试验法

用试验法观察故障现象，初步判定故障范围。

试验法是在不扩大故障范围、不损坏设备的前提下对线路进行通电试验，通过观察电气设备和电气元件的动作，看其是否正常、各个控制环节的动作程序是否符合要求，找出故障发生部位或回路。

2. 电压分段测量法

以检修图 7-1 所示控制电路为例，检修时，应两人配合，一人测量，一人操作按钮，但是操作人员必须听从测量人员口令，不得擅自操作，以防发生触电事故。

（1）断开控制线路中的主电路，然后接通电源。

（2）按下 SB1，若接触器 KM1 不吸合，说明 KM1 控制回路有故障。

（3）将万用表转换开关旋到交流电压 500V 挡位。

（4）如图 7-1 所示，按压住 SB2 按钮，用万用表测量同一根线上两点间电压（一表笔置于 KM1 的 A1 端子，另一表笔置于 FU2 输出端），若没有电压或很低，说明电路通，故障不在这两点间，可以检查 KM1 的 A2 端子和零线间是否正常或接触器线圈是否正常；若有 220V 电压，说明该控制电路断路，进行下一步，缩小范围继续查找。

（5）如图 7-1 所示，万用表黑表笔搭接到 SB2 常开端子的上端，红表笔搭接到 KM1 的 A1 端子，按压住 SB2 按钮测量电压。若没有电压，说明故障在 FU2 输出端与 SB2 常开端子的上端；若有 220V 电压，说明故障在 SB2 常开端子的上端与 KM1 的 A1 端子间，进行下一步。

（6）如图 7-1 所示，万用表黑表笔搭接到 KM1 的 A1 端子上，红表笔搭接到 KM2 常闭端子的上端。若没有电压，说明问题在 SB3 常闭触点两端；若有电压，说明 SB3 触头正常，问

题在电气互锁接点 KM2 常闭触点两端。

3. 电阻分段测量法

（1）断开电源。

（2）将万用表转换开关旋到电阻 $R\times1$ 或 $R\times10$ 挡位。

（3）如图 7-3 所示，万用表黑表笔搭接到 0#线上，红表笔搭接到 4#线上，若电阻为∞，说明 KM 线圈断路；若有一定阻值（取决于线圈），说明 KM 线圈正常，进行下一步。

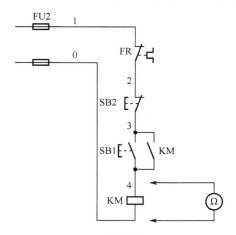

图 7-3　控制线路测量 1

（4）如图 7-4 所示，一人按住按钮 SB1 不放，另一人把万用表黑表笔搭接到 0#线上，红表笔搭接到 3#线上，若阻值为∞，说明 SB1 断路；若有一定阻值（取决于线圈），说明 SB1 正常，进行下一步。

（5）如图 7-5 所示，一人按住按钮 SB1 不放，另一人把万用表黑表笔搭接到 0#线上，红表笔搭接到 2#线上。若阻值为∞，说明 SB2 断路；若有一定阻值（取决于线圈），说明 SB2 正常，问题有可能出在热继电器 FR 的辅助常闭触头上。可以采用同样的方式测量 0#线与 1#线之间的电阻值，进行准确判断。

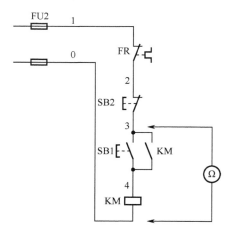

图 7-4　控制线路测量 2

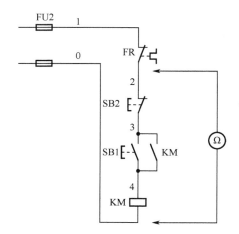

图 7-5　控制线路测量 3

第 **8** 章

三相笼型异步电动机降压启动控制线路安装调试

一、实训目的

（1）熟悉三相笼型异步电动机降压启动控制线路原理和动作规律。

（2）学会正确选择和使用低压电器的方法。

（3）按要求阅读电气原理图，按图配线，按教材要求按时完成电路。

（4）完成电路的通电调试。

二、实训内容和步骤

（1）根据三相笼型异步电动机降压启动控制电路（图 8-1）选择电动机、交流接触器、时间继电器和按钮开关等低压电器，并按要求测试合格。

（2）根据所给的元件绘出元件布置图并进行安装。

（3）按三相笼型异步电动机降压启动控制电气原理图接线，经检查后通电试验并实现电路功能。

三、所需材料和工具

所需材料和工具见表 8-1。

表 8-1　材料和工具

代　号	元件名称	型号规格	数　量	备　注
M	三相交流异步电动机	Y—112M—4/4kW，△接法 380V，8.8A，1440r/min	1	
QS	自动开关	C65N D10/3P	1	
FU1	熔断器	RL1—60/25A	3	
FU2	熔断器	RLlt5/2A	2	
KM1，KM2，KM3	交流接触器	CJ10—10，220V	3	
KT	时间继电器	JS7—2A，220V	1	
FR	热继电器	FR36—20/3，整定电流 8.8A	1	
SB1	启动按钮	LA10—2H	1	绿色
SB2	停止按钮		1	红色

代　号	元件名称	型号规格	数　量	备　注
XT	接线端子	JX2—Y010	1	
—	导线	BV—1.5mm，1mm	若干	
—	冷压接头	1mm	若干	
—	万用表	MF47	1	
—	网孔板	500mm×400mm	1	

四、技能训练

（一）检测和布置元件

（1）根据表 8-1 配齐所用电气元件，并检查元件质量。

（2）根据图 8-1 画出元件布置图，如图 8-2 所示。

（3）根据元件布置图安装元件，各元件的安装位置整齐、匀称、间距合理，便于元件的更换；元件紧固时用力均匀，紧固程度适当；按钮安装在控制板上（实际生产设备中按钮安装在机械设备上）。

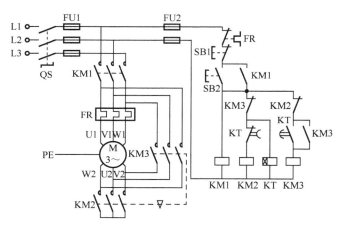

图 8-1　星形—三角形降压启动自动控制电路

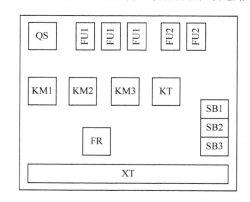

图 8-2　元件布置图

（二）布线

（1）根据图 8-1 布线，布线时以接触器为中心，由里向外、由低至高，按先电源电路、再控制电路、后主电路进行布线，以不妨碍后续布线为原则。

（2）连接按钮内部。

（3）连接按钮和控制电路。

（4）连接电动机和按钮金属外壳的保护接地线。

（5）连接电动机和电源。

（三）通电调试

（1）整定热继电器和调整时间继电器延时时间。

（2）确认电动机三相绕组连接正常和三相电源正常。

（3）通电前，应认真检查有无错接、漏接造成不能正常运转或短路事故的现象，尤其是主电路三角形连接时电动机绕组是否首尾相接。

（4）通电试车时，注意观察接触器情况，观察电动机运转是否正常，若有异常现象应马上停车并处理。

（5）试车完毕，应遵循停转、切断电源、拆除三相电源线、拆除电动机线的顺序进行操作。

五、评分标准

评分表见表 8-2。

表 8-2　星形—三角形降压启动自动控制电路评分表

项　目	技术要求	配　分	评分细则	评分记录
检测任务	正确无误检查所需元件	5	电气元件漏检或错验，每个扣 1 分	
安装元件任务	按元件布置图合理安装元件	15	不按布置图安装，扣 3 分 元件安装不牢固，每个扣 0.5 分 元件安装不整齐、不合理，扣 2 分 损坏元件，扣 10 分	
布线任务	按控制接线图正确接线	40	不按控制线路图接线，扣 10 分 线槽内导线交叉超过 3 处，扣 3 分 线槽对接不呈 90°，每处扣 1 分 接点松动，露铜过长，反圈、有毛刺，标记线号不清楚、遗漏或误标，每处扣 0.5 分 损伤导线，每处扣 0.5 分	
调试试车任务	正确整定元件，检查无误，通电试车一次成功	40	热继电器未整定或错误，扣 5 分 熔体选择错误，每组扣 10 分 试车不成功，每返工一次扣 5 分	
时间要求 160min	超时，此项从总分中扣分		每超过 5min，从总分中扣 3 分，但不超过 10 分	
安全要求	按照安全、文明生产要求		违反安全文明生产从总分中扣 5 分	

六、思考题

（1）为什么要对电动机进行降压启动？常见降压启动方法有哪些？

（2）时间继电器常用类型有哪些？起什么作用？

（3）电动机星形连接和三角形连接绕组端电压有什么关系？

（4）图 8-1 所示电路中时间继电器 KT 线圈断线时电路会如何动作？有什么故障现象？

（5）当电路启动时，控制电路正常工作，电动机仅转动短暂时间即停止运行，故障原因是什么？

七、知识复习

（一）电动机定子线圈星形—三角形接线原理

其原理如图 8-3 所示。

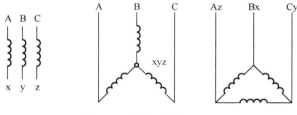

图 8-3　电动机接线原理图

（二）星形—三角形降压启动的原理

星形—三角形降压启动又称 Y/△降压启动。它利用三相异步电动机在正常运行时定子绕组为三角形连接（△），而在启动时先将定子绕组接成星形（Y 形），使每相绕组承受的电压为电源的相电压（220V），降低启动电压，限制启动电流，待启动正常后再把定子绕组改接成三角形（△），每相绕组承受的电压为电源的线电压（380V），正常运行。

降压启动电路的启动过程如下：

（1）KM1 线圈得电，电动机 M 星形连接自锁。

（2）按下启动按钮 SB2，KM2 线圈得电，降压启动。

（3）KT 线圈得电，开始计时（启动时间），延时时间到，KT 动断触点延时断开，KM2 断，KT 动合触点延时闭合，KM3 通电，电动机 M 三角形连接自锁全压运行。

（三）时间继电器的作用

在星形—三角形降压启动自动控制的电路中使用了时间继电器（KT）对电动机启动延时进行控制。时间继电器也称延时继电器，当对其输入信号后，需要经过一段时间（延时），输出部分才会动作（图 8-4、图 8-5）。时间继电器主要用于时间上的控制，适用于用时间做控制量的控制电路。在电动机起始运行阶段，定子绕组是星形连接，当启动电流下降，达到稳定值时即进入正常运行，这一段时间的长度就是需要的时间继电器的延时时间，可以通过测量电流变化的方法来进行测算。

图 8-4 时间继电器系列

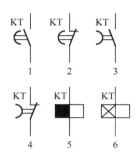

图 8-5 时间继电器图形符号

（四）电动机绕组外接线方法

三相电源分别使用红、黄、绿三种颜色进行区分，KM1、KM3 吸合时，定子绕组星形连接，KM2 吸合后，三相绕组首尾相接，构成三角形，如图 8-6 所示。

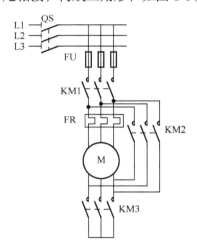

图 8-6 电动机端子接线图

第 9 章

三相笼型异步电动机调速控制线路安装调试

一、实训目的

（1）熟悉三相笼型异步电动机调速控制线路原理和动作规律。

（2）学会正确选择和使用低压电器的方法。

（3）按要求阅读电气原理图，按图配线，按教材要求按时完成电路。

（4）完成电路的通电调试。

二、实训内容和步骤

（1）根据三相笼型异步电动机调速控制电路（图 9-1）选择多速电动机、交流接触器和按钮开关等低压电器，并按要求测试合格。

（2）根据所给的元件绘出元件布置图并进行安装。

（3）按三相笼型异步电动机调速控制电气原理图接线，经检查后通电试验并实现电路功能。

三、所需材料和工具

材料和工具见表 9-1。

四、技能训练

（一）检测和布置元件

（1）根据表 9-1 配齐所用电气元件，并检查元件质量，对多速电动机高低速线圈进行确认。

（2）根据图 9-1 画出元件布置图，如图 9-2 所示。

（3）根据元件布置图安装元件，各元件的安装位置整齐、匀称、间距合理，便于元件的更换；元件紧固时用力均匀，紧固程度适当；按钮安装在控制板上（实际生产设备中按钮安装在机械设备上）。

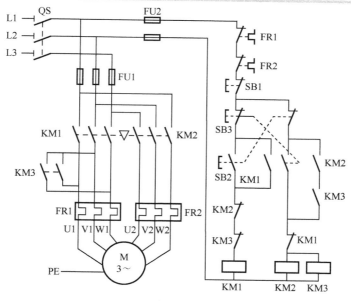

图 9-1 双速异步电动机的调速控制电路

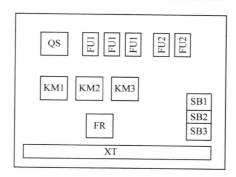

图 9-2 元件布置图

（二）布线

（1）根据图 9-1 布线，布线时以接触器为中心，由里向外、由低至高，按先电源电路、再控制电路、后主电路进行布线，以不妨碍后续布线为原则。

（2）连接按钮内部。

（3）连接按钮和控制电路。

（4）连接电动机和按钮金属外壳的保护接地线。

（5）连接电动机和电源。

表 9-1 材料和工具

代 号	元件名称	型号规格	数量	备注
M	三相交流异步多速电动机	YD—112M—4/2kW，3.3/4kW，△/YY 连接380V，7.3/8.6A，1440/2890r/min 380V，8.8A，1440r/min	1	

续表

代　号	元件名称	型号规格	数量	备注
QS	自动开关	C65N D10/3P	1	
FU1	熔断器	RL1—60/25A	3	
FU2	熔断器	RL1t5/2A	2	
KM	交流接触器	CJ10—10，220V	2	
FR1	热继电器	JR36—20/3，整定电流 7.4A	1	
FR2	热继电器	FR36—20/3，整定电流 8.6A	1	
SB1	启动按钮	LA10—2H	1	绿色
SB2	停止按钮		1	红色
XT	接线端子	JX2—Y010	1	
—	导线	BV—1.5mm，1mm	若干	
—	冷压接头	1mm	若干	
—	万用表	MF47	1	
—	网孔板	500mm×400mm	1	

（三）通电调试

（1）整定热继电器。

（2）确认双速电动机各绕组连接正常和三相电源正常。

（3）通电前，应认真检查有无错接、漏接造成不能正常运转或短路事故的现象，尤其是主电路三角形连接和双星形连接时电动机绕组是否正确相接。

（4）通电试车时，注意观察接触器情况，观察电动机运转是否正常，若有异常现象应马上停车并处理。

（5）试车完毕，应遵循停转、切断电源、拆除三相电源线、拆除电动机线的顺序进行操作。

五、评分标准

评分表见表 9-2。

表 9-2　双速异步电动机的调速控制电路评分表

项　目	技术要求	配　分	评分细则	评分记录
检测任务	正确无误检查所需元件	5	电气元件漏检或错验，每个扣 1 分	
安装元件任务	按元件布置图合理安装元件	15	不按布置图安装，扣 3 分 元件安装不牢固，每个扣 0.5 分 元件安装不整齐、不合理，扣 2 分 损坏元件，扣 10 分	
布线任务	按控制接线图正确接线	40	不按控制线路图接线，扣 10 分 线槽内导线交叉超过 3 处，扣 3 分 线槽对接不呈 90°，每处扣 1 分 接点松动，露铜过长、反圈、有毛刺，标记线号不清楚、遗漏或误标，每处扣 0.5 分 损伤导线，每处扣 1 分	

项　　目	技 术 要 求	配　　分	评 分 细 则	评 分 记 录
调试试车任务	正确整定元件，检查无误，通电试车一次成功	40	热继电器未整定或错误，扣 5 分 熔体选择错误，每组扣 5 分 试车不成功，每返工一次扣 5 分	
时间要求 120min	超时，此项从总分中扣分		每超过 5min，从总分中扣 3 分，但不超过 10 分	
安全要求	按照安全、文明生产要求		违反安全文明生产从总分中扣 5 分	

六、思考题

（1）为什么要对电动机进行调速？常见调速方法有哪些？

（2）时间继电器常用于自动控制电路中起控制参量的作用，试在双速异步电动机的调速控制电路中加入时间继电器进行自动控制。

（3）电动机双星形连接和三角形连接绕组磁极对数如何计算？

（4）图 9-1 所示电路中 KM3 线圈断线时电路会如何动作？有什么故障现象？

七、知识复习

根据异步电动机的转速公式 $n = (1-s)60f/p$，三相异步电动机的调速方法有下列三种。

（1）改变异步电动机转差率 s 的调速。

（2）改变异步电动机定子绕组磁极对数 p 的变极调速。

（3）改变电源频率 f 的变频调速。

（一）变极调速方法

变极调速的特点：

（1）具有较硬的机械特性，稳定性良好。

（2）无转差损耗，效率高。

（3）接线简单、控制方便、价格低。

（4）有级调速，级差大，不能获得平滑调速。

（5）可以与调压调速、电磁转差离合器配合使用，获得较高效率的平滑调速特性。

本方法适用于不需要无极调速的生产机械，如金属切削机床、升降机、起重设备、风机、水泵等。

（二）变频调速方法

变频调速是改变电动机定子绕组电源的频率，从而改变其同步转速的调速方法。变频调速系统的主要设备是提供变频电源的变频器，变频器可分为交流—直流—交流变频器和交流—交流变频器两大类，目前常用交流—直流—交流变频器，其特点是：

（1）效率高，调速过程没有附加损耗。

（2）应用范围广，可用于鼠笼式异步电动机。

（3）调速范围大，运行平稳，精度高。

（4）技术复杂，造价高，维护、检修困难。

本方法适用于要求精度高、调速性能较好的场合。

（三）串级调速方法

串级调速是指在绕线式电动机转子回路中串入可调节的附加电势来改变电动机的转差，达到调速目的的方法。大部分转差功率被串入的附加电势所吸收，再利用产生附加电势的装置把吸收到的转差功率返回电网或转换能量加以应用。根据转差功率吸收利用方式，串级调速可以分为电动机串级调速、机械串级调速、晶闸管串级调速等形式。目前多采用晶闸管串级调速，其特点为：

（1）可将调速过程中的转差损耗回馈到电网或生产机械上，效率较高。

（2）装置容量与调速范围成正比，节约投资，适用于调速范围为额定速度的 70%～90%的生产机械。

（3）调速装置发生故障时可以切换到全速运行，避免停产。

（4）晶闸管串级调速功率因数低，谐波影响较大。

本方法适用于风机、水泵及轧钢机、矿井提升机、挤压机等。

（四）绕线式电动机转子串电阻调速方法

绕线式异步电动机转子串入附加电阻，使电动机的转差率增大，电动机在较低的转速下运行。串入的电阻越大，电动机的转速越低。此方法设备简单，控制方便，但转差功率以发热的形式消耗在电阻上。这种方法属于有级调速，电动机机械特性较软。

（五）定子调压调速方法

当改变电动机的定子电压时，可以得到一组不同的机械特性曲线，从而获得不同转速。由于电动机的转矩与电压平方成正比，因此最大转矩下降很多，其调速范围较小，使一般鼠笼式电动机难以应用。为了扩大调速范围，调压调速应采用转子电阻值大的鼠笼式电动机，如专供调压调速用的力矩电动机，或者在绕线式电动机基础上串联频敏电阻。为了扩大稳定运行范围，调速比在 2∶1 以上的场合采用反馈控制，以达到自动调节转速的目的。

调压调速的主要装置是一个能提供电压变化的电源，目前常用的调压方式有串联饱和电抗器、自耦变压器以及晶闸管调压等几种。晶闸管调压方式效果最佳，其特点是：

（1）调压调速线路简单，易实现自动控制。

（2）调压过程中转差功率以发热形式消耗在转子电阻中，效率较低。

调压调速一般适用于 100kW 以下的生产机械。

（六）电磁调速电动机调速方法

电磁调速又叫转差调速，电磁调速电动机由鼠笼式电动机、电磁转差离合器和直流励磁电源（控制器）三部分组成。直流励磁电源功率较小，通常由单相半波或全波晶闸管整流器组成，

改变晶闸管的导通角可以改变励磁电流的大小。

电磁转差离合器由电枢、磁极和励磁绕组三部分组成。电枢和励磁绕组没有机械联系，都能自由转动。电枢与电动机转子同轴连接，称为主动部分，它由电动机带动；磁极用联轴节与负载轴对接，称为从动部分。

励磁绕组通入直流电，则沿气隙圆周表面将形成若干对 N、S 极性交替的磁极，其磁通经过电枢。当电枢随拖动电动机旋转时，由于电枢与磁极相对运动，因而使电枢感应产生涡流。此涡流与磁通相互作用产生转矩，带动有磁极的转子按同一方向旋转，改变转差离合器的直流励磁电流便可改变离合器的输出转矩和转速。电磁调速电动机的调速特点是：

（1）装置、结构及控制线路简单，运行可靠，维修方便。

（2）调速平滑，无级调速。

（3）对电网无谐波影响。

（4）速度丢失大，效率低。

本方法适用于中、小功率，要求平滑、短时、低速运行的生产机械。

第⑩章

三相笼型异步电动机制动控制
线路安装调试

一、实训目的

（1）熟悉三相笼型异步电动机制动控制线路原理和动作规律。

（2）学会正确选择和使用低压电器的方法。

（3）按要求阅读电气原理图，按图配线，按教材要求按时完成电路。

（4）完成电路的通电调试。

二、实训内容和步骤

（1）根据三相笼型异步电动机制动控制电路（图 10-1）选择电动机、交流接触器、整流装置和按钮开关等低压电器，并按要求测试合格。

（2）根据所给的元件绘出元件布置图并进行安装。

（3）按三相笼型异步电动机制动控制电气原理图接线，经检查后通电试验并实现电路功能。

三、所需材料和工具

材料和工具见表 10-1。

四、技能训练

（一）检测和布置元件

（1）根据表 10-1 配齐所用电气元件，并检查元件质量，对多速电动机高低速线圈进行确认。

（2）根据图 10-1 画出元件布置图，如图 10-2 所示。

（3）根据元件布置图安装元件，各元件的安装位置整齐、匀称、间距合理，便于元件的更换；元件紧固时用力均匀，紧固程度适当；按钮安装在控制板上（实际生产设备中按钮安装在机械设备上）。

（二）布线

（1）根据图 10-1 布线，布线时以接触器为中心，由里向外、由低至高，按先电源电路、再控制电路、后主电路进行布线，以不妨碍后续布线为原则。

（2）连接按钮内部。

（3）连接按钮和控制电路。

（4）连接电动机和按钮金属外壳的保护接地线。

（5）连接电动机和电源。

表 10-1　材料和工具

代　号	元件名称	型号规格	数　量	备　注
M	三相交流异步多速电动机	Y—112M—4/4kW，△接法 380V，8.8A，1440r/min	1	
QS	自动开关	65N D10/3P	1	
FUl	熔断器	RLl—60/25A	3	
FU2	熔断器	RLl—15/2A	2	
KM1，KM2	交流接触器	CJ10—10，380V	2	
KT	时间继电器	JS7—2A	1	
FR	热继电器	FR36—20/3，整定电流	1	
SBl	启动按钮	LA10—2H	1	绿色
SB2	停止按钮		1	红色
XT	接线端子	JX2—Y010	1	
—	导线	BV—1.5mm，1mm	若干	
—	冷压接头	1mm	若干	
—	万用表	MF47	1	
—	网孔板	500mm×400mm	1	
VC	整流二极管	10A，300V	4	
R	可调电阻	2Ω/1kW	1	

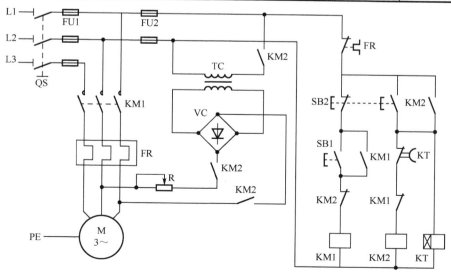

图 10-1　能耗制动控制电路

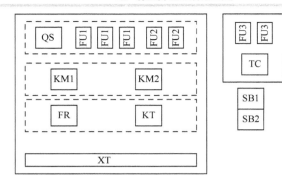

图 10-2　元件布置图

（三）通电调试

（1）整定热继电器，调整制动电流和制动时间。

（2）确认电动机各绕组连接正常和三相电源正常，注意整流电路的输入、输出端连接正确。

（3）通电前，应认真检查有无错接、漏接造成不能正常运转或短路事故的现象，尤其是主电路是否有缺相情况。

（4）通电试车时，按图 10-3 接线测制动电流，Y—112M—4/4kW 制动电流为 14A，如不符，调整可调电阻阻值。同时注意观察接触器情况，观察电动机运转是否正常，若有异常现象应马上停车并处理。

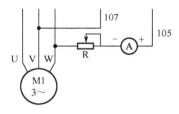

图 10-3　制动电流测试电路

（5）试车完毕，应遵循停转、切断电源、拆除三相电源线、拆除电动机线的顺序进行操作。

五、评分标准

评分表见表 10-2。

表 10-2　异步电动机的制动控制电路评分表

项　目	技术要求	配　分	评 分 细 则	评分记录
检测任务	正确无误检查所需元件	5	电气元件漏检或错验，每个扣 1 分	
安装元件任务	按元件布置图合理安装元件	15	不按布置图安装，扣 3 分 元件安装不牢固，每个扣 0.5 分 元件安装不整齐、不合理，扣 2 分 整流电路连接错误，扣 5 分 损坏元件，扣 10 分	

续表

项　目	技 术 要 求	配　分	评 分 细 则	评 分 记 录
布线任务	按控制接线图正确接线	40	不按控制线路图接线，扣 10 分 线槽内导线交叉超过 3 处，扣 3 分 线槽对接不呈 90°，每处扣 1 分 接点松动，露铜过长，反圈、有毛刺，标记线号不清楚、遗漏或误标，每处扣 0.5 分 损伤导线，每处扣 1 分	
调试试车任务	正确整定元件，检查无误，通电试车一次成功	40	热继电器未整定或错误，扣 5 分 熔体选择错误，每组扣 5 分 试车不成功，每返工一次扣 5 分	
时间要求 120min	超时，此项从总分中扣分		每超过 5min，从总分中扣 3 分，但不超过 10 分	
安全要求	按照安全、文明生产要求		违反安全文明生产从总分中扣 5 分	

六、思考题

（1）为什么要对电动机进行制动？常见制动方法有哪些？

（2）时间继电器常用于自动控制电路，起控制参量的作用，试用速度继电器代替时间继电器进行自动控制能耗制动，比较各自特点。

（3）设计双向运行能耗制动电路。

七、知识复习

（一）能耗制动控制电路工作原理

电路的工作过程如下。

（1）启动过程：

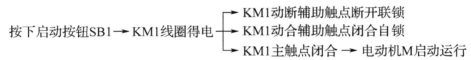

（2）制动过程：

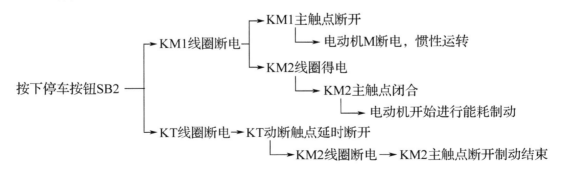

（二）反接制动控制电路工作原理

反接制动实质上是在制动时通过改变异步电动机定子绕组中三相电源相序，产生一个与转子惯性转动方向相反的反向转矩来进行制动的（图10-4）。

速度继电器是按照预定速度快慢而动作的继电器，速度继电器的转子与电动机的轴相连，当电动机正常转动时，速度继电器的动合触点闭合；当电动机停车，转速接近零时，动合触点打开，切断接触器的线圈电路。其可防止电动机反向升速，发生事故。

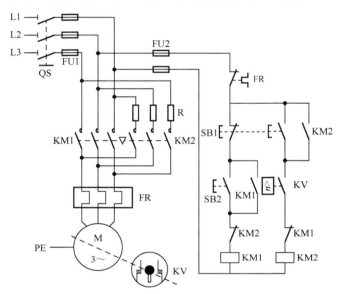

图 10-4　反接制动控制电路

电路的控制过程如下。

（1）启动过程：

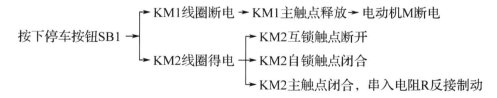

按下启动按钮SB2 → KM1线圈得电
→ KM1自锁触点闭合
→ KM1互锁触点断开
→ KM1主触点闭合 → 电动机M正转运行 → KV动合触点闭合

（2）制动过程：

按下停车按钮SB1 →
→ KM1线圈断电 → KM1主触点释放 → 电动机M断电
→ KM2线圈得电
　　→ KM2互锁触点断开
　　→ KM2自锁触点闭合
　　→ KM2主触点闭合，串入电阻R反接制动

当电动机转速$n \approx 0$时 → KV复位 → KM2断电 → 制动结束

（三）速度继电器

速度继电器是按照预定速度快慢而动作的继电器（图10-5、图10-6），速度继电器的转子

与电动机的轴相连，当电动机正常转动时，速度继电器的动合触点闭合；当电动机停车，转速接近零时，动合触点打开，切断接触器的线圈电路。其可防止电动机反向升速，发生事故。

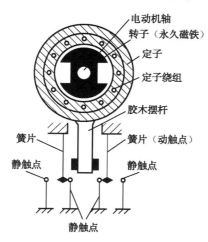

图 10-5 速度继电器的结构

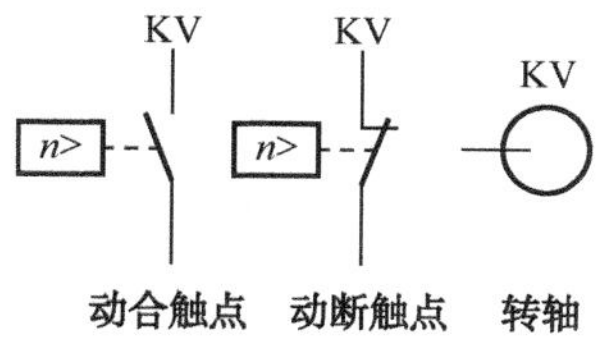

图 10-6 速度继电器的图形符号

第11章

典型机械设备控制线路安装调试

一、实训目的

（1）熟悉 CW6140 型普通车床控制电路原理和动作规律。

（2）学会正确选择和使用低压电器的方法。

（3）按要求阅读电气原理图，按图配线，按教材要求按时完成电路。

（4）完成电路的通电调试。

二、实训内容和步骤

（1）根据 CW6140 型普通车床控制电路（图 11-1）选择电动机、交流接触器、变压器及照明装置和按钮开关等低压电器，并按要求测试合格。

（2）根据所给的元件绘出元件布置图并进行安装。

（3）按相关控制电气原理图接线，经检查后通电试验并实现电路功能。

三、所需材料和工具

材料和工具见表 11-1。

四、技能训练

（一）检测和布置元件

（1）根据表 11-1 配齐所用电气元件，并检查元件质量，对变压器线圈抽头进行确认。

表 11-1　材料和工具

代　号	元件名称	型号规格	数　量	备　注
M	三相交流异步多速电动机	Y2—132M—4/4kW，△接法 380V，7.5kW，1440r/min Y2—711—4，380V，0.25kW	2	
QS	自动开关	65N D10/3P	1	
SA1	组合开关	LAY3	1	
KA	电压继电器	ASJ10—AV3	1	

续表

代　号	元件名称	型号规格	数　量	备　注
FUl	熔断器	RLl—60/25A	3	
FU2	熔断器	RLl—15/2A	2	
KM	交流接触器	CJX2—09—10，220V	4	
KT	时间继电器	JS14A—60S/220V	1	
FR	热继电器	FR36—20/3，整定电流8.8A	1	
XT	接线端子	JX2—Y010	1	
—	导线	BV—1.5mm，1mm	若干	
—	冷压接头	1mm	若干	
—	万用表	MF47	1	
—	网孔板	500mm×400mm	1	
TC	变压器	10A，300V	1	
EL	照明灯	36W	1	

（2）根据图11-1画出电气安装图，如图11-2所示。

（3）根据电气安装图安装，安装及接线注意事项如下。

① 各电气元件均按实际安装位置绘出，电气元件的图形符号和文字符号必须与电气原理图一致，并符合国家标准。

② 各电气元件上凡是需要接线的部件端子都应绘出，并予以编号，各接线端子的编号必须与电气原理图上的导线编号相一致。

③ 不在同一控制柜、控制屏等控制单元上的电气元件之间的电气连接必须通过端子板进行，并标明去向。

④ 在电气系统安装接线图中布线方向相同的导线用线束表示，连接导线应注明导线的规格（数量、截面积等）；若采用线管走线，须留有一定数量的备用导线，还应注明线管的尺寸和材料。

（二）布线

前面介绍的板前布线（明敷），为达到节约成本的目的，只适用于元件少的控制线路。根据《机床电气设备通用技术条件》（GB5226—1985）的要求，机床电气控制线路要采用线槽布线的方式，其具有明敷和暗敷（板后）的特点，下面介绍线槽布线的基本要求。

（1）线槽应平整、无扭曲变形，其内壁应光滑、无毛刺。

（2）线槽的连接应连续无间断，每节线槽的固定点不应少于两个。在转角、分支处端部均应有固定点，并紧贴板面固定。

（3）线槽接口应平直、严密，槽盖应齐全、平整、无翘角，固定线槽的螺钉紧固后端部应与线槽内表面光滑相接。

（4）线槽敷设应平直、整齐，排列匀称，安装牢固，便于走线。

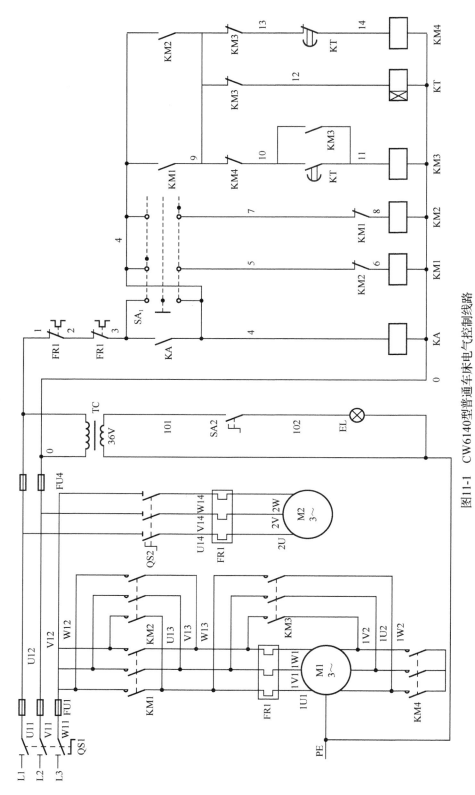

图11-1 CW6140型普通车床电气控制线路

（5）电气元件的接线端子与线槽的直线距离应为 30mm。

（6）线槽内包括绝缘层在内的所有导线截面积之和不应大于线槽截面积。

（7）线槽内导线的最小截面积应为 $1.0mm^2$，对于低电平的电子电路允许采用截面积小于 $1.0mm^2$ 的导线（但不得小于制造厂对安装导线截面的要求）。

（8）布线应横平竖直、分布均匀，变换方向时应垂直。

（9）各电气元件接线端子引出导线的走向以元件的水平中心线为界限，在水平中心线上方的接线端子引出线必须进入元件上面的线槽，在水平中心线下方的接线端子引线必须进入元件下面的线槽，任何导线不得从水平方向进入线槽。

（10）敷设在线槽内的导线应梳理清楚、错落有致，绝对不允许交叉。

（11）敷设在线槽内的导线应留有一定余量。

（12）导线的两端应套上号码管。

（13）所有导线中间不得有接头。

（14）接线应排列整齐、清晰、美观，导线绝缘良好、无损伤。一个接线端子上的接线不得多于两根。

（15）外露在线槽外的导线必须用缠绕管保护。

（三）通电调试

（1）整定热继电器和调整时间继电器延时时间。

（2）确认电动机各绕组连接正常和三相电源正常，注意整流电路的输入、输出端连接正确。

（3）通电前，应认真检查有无错接、漏接造成不能正常运转或短路事故的现象，尤其是主电路是否有缺相情况。

（4）通电试车时，注意观察接触器情况，观察电动机运转是否正常，若有异常现象应马上停车并处理。

（5）对各支路进行检验，确认系统功能实现。

（四）故障处理练习

（1）转动 QS1 转换开关接通电源。

（2）转动 SA2，101-102 通，36V 指示灯亮，指示电源带电。

（3）转动 SA1 组合开关，使 3-4 接通。KA 线包得电吸合，3-4 触点自锁使 4 号线带电。

（4）右转 SA1，使 SA1 的 3-4 点断开，同时 4-5 点接通。KM1 接触器线包得电吸合，4-9 线接通，9-13-14 线使 KM4 带电吸合，9-12 线使 KT 时间继电器同时得电。

（5）在主线路中，KM1、KM4 触点吸合，电动机 M1 星形启动。

（6）一定时间后，13-14 触点断开，KM4 线包断电，电动机退出星形连接。同时 10-11 时间继电器触点合上，KM3 得电吸合，使主电路 KM3 触点吸合，完成正转星–三角启动。

（7）反转时的星-三角启动过程：左转 SA1，4-5 断，KM1 线包断电，电动机停止。同时 4-7 通，KM2 接触器线包带电，主触点吸合换相。4-9 接通，时间继电器 KT、接触器 KM4 得电，电动机星形启动，一定时间后，时间继电器触点动作，KM4 线包断电，电动机退出星形连接，KM3 接通，完成反转状态的星-三角启动。

（8）转动 QS2 接通或断开，控制 M2 电动机转动或停止。

（9）（5-6）KM2 触点与（7-8）KM1 触点为一对互锁触点，（9-10）KM4 触点与（9-13）KM3 触点为一对互锁触点。

（10）FR1、FR2 为过载保护热继电器。

（五）常见电气故障分析

1. 主轴电动机 M1 不能启动

主轴电动机 M1 不能启动分许多情况，如：按下启动按钮 SB2，M1 不能启动；运行中突然自行停车，并且不能立即再启动；按下 SB2，FU2 熔丝熔断；当按下停止按钮 SB2 后，再按启动按钮 SB2，电动机 M1 不能再启动。

发生以上故障，应首先确定故障发生在主电路还是控制电路。依据是接触器 KM1 是否吸合。若是主电路故障，应检查导线连接处是否有松脱现象，主触头接触是否良好等。若是控制电路故障，主要检查熔断器 FU2 是否熔断，过载保护 FR1 是否动作，接触器线圈 KM1 接线端子是否脱落，按钮 SB1、SB2 触头接触是否良好等。

2. 主轴电动机 M1 启动后不能自锁

当按下启动按钮 SB2 时，主轴电动机能启动运转，但松开 SB2 后，M1 也随之停止。

造成这种故障的原因是接触器 KM1 常开辅助触头（自锁触头）的连接导线松脱或接触不良。

3. 主轴电动机 M1 不能停止

这类故障多数是接触器 KM1 的主触头发生熔焊或停止按钮 SB1 击穿短路所致。

排除电路故障的过程及要求：在主电路和控制电路中各设置一个故障，要求在规定的时间内把故障排除。

（1）根据故障现象，判断故障范围并在线路图上标出。

（2）利用电工工具，查找故障点并排除。在线路图上标出故障点。

故障点：

① 故障点断开，则 M1 电动机断相运行。

② 故障点断开，则 M2 电动机断相运行。

③ 故障点断开，控制变压器 TC 断电。

④ 故障点断开，指示灯 EL 不亮。

⑤ 故障点断开，KM3 永远不会动作，电动机 M1 不能做星、三角转换。

⑥ 故障点断开，KM1 不会得电，M1 电动机不运转。

⑦ 故障点断开，控制线路断电。

五、评分标准

评分表见表 11-2。

表 11-2　CW6140 型普通车床控制电路安装调试评分表

项　目	技术要求	配　分	评分细则	评分记录
检测任务	正确无误检查所需元件	5	电气元件漏检或错验，每个扣 1 分	
安装元件任务	按元件布置图合理安装元件	15	不按布置图安装，扣 3 分 元件安装不牢固，每个扣 0.5 分 元件安装不整齐、不合理，扣 2 分 整流电路连接错误，扣 5 分 损坏元件，扣 10 分	
布线任务	按控制接线图正确接线	20	不按控制线路图接线，扣 10 分 线槽内导线交叉超过 3 处，扣 3 分 线槽对接不呈 90°，每处扣 1 分 接点松动，露铜过长，反圈、有毛刺，标记线号不清楚、遗漏或误标，每处扣 0.5 分 损伤导线，每处扣 1 分	
调试试车任务	正确整定元件，检查无误，通电试车一次成功	20	热继电器未整定或错误，扣 5 分 熔体选择错误，每组扣 5 分 试车不成功，每返工一次扣 5 分	
故障分析	对故障进行分析排除	40	未按正确步骤进行操作试车，扣 10 分 未能确定最小故障范围，扣 10 分 未能找到故障点，扣 20 分	
时间要求 120min	超时，此项从总分中扣分		每超过 5min，从总分中扣 3 分，但不超过 10 分	
安全要求	按照安全、文明生产要求		违反安全文明生产从总分中扣 5 分	

六、思考题

（1）KA 在 CW6140 型普通车床控制电路中起什么作用？

（2）CW6140 型普通车床控制电路中的时间继电器常闭触点发生接触不良时，系统运行时会出现什么现象？如何分析查找？

（3）当发生缺相故障时，系统运行时会出现什么现象？有什么危害？

（4）使用电压法查找下列故障：

① KA 不能吸合。

② KM1 吸合，KM4 不吸合。

③ 电动机不能进入全压运行，始终保持低速状态。

④ 电动机正常启动后，运行短暂时间后自动停止运行。

七、知识复习

（一）CW6140 型普通车床电气控制线路分析

1．主电路分析

M1 为主轴电动机，带动主轴旋转和刀架做进给运动；M2 为冷却泵电动机；M3 为刀架快速移动电动机。

2．控制电路分析

（1）主轴电动机的控制。按下 SB2，KM1 线圈得电动作，主触头闭合（自锁触头闭合），电动机转动。

（2）冷却泵电动机控制。只有主轴电动机 M1 启动后，冷却泵电动机 M2 才能启动，当M1 停止时，M2 也自动停止。

（二）电气控制系统图的构成规则和绘图的基本方法

电气控制系统图一般有三种：电气原理图、电气元件布置图与电气安装接线图。

1．电气控制系统图绘制的基本方法

1）符号的使用

（1）电气图中的图形符号由符号要素、一般符号、限定符号等部分组成。

（2）电气设备中的文字符号用来标明电路、电气设备、装置和元器件的名称、功能、状态和特征等，文字符号分为基本文字符号和辅助文字符号。

① 基本文字符号分单字母和双字母两种，均用大写字母表示。单字母符号将各种电气元件、设备和装置划分为 23 大类。例如，继电器-接触器控制电路中常用的有：K 表示继电器或接触器类，M 表示电动机，F 表示保护器件，S 表示控制、记忆、信号电路的开关器件选择器，T 表示变压器等。双字母符号的第一位必须与上述 23 大类单字母符号相对应，表示器件大类；第二位表示附加信息，如 K 表示继电器或接触器类，KT 表示时间继电器，KM 表示接触器。

② 辅助文字符号用来表示电器、装置、电气设备和元件的功能、状态、特征等，由 1~3位大写字母组成，如 A 表示电流或模拟信号，AC 表示交流，PEN 表示保护接地与中性线共用等。

2）图线的使用

电气图中常用图线有实线、虚线、点画线等。实线是绘制图中主要内容的基本线，用来画符号的轮廓线和导线；虚线是辅助线，用来画机械联动线、屏蔽线、不可见线等；点画线常用做分界线和围框线。

2．绘制电气原理图的基本原则

用图形符号和文字符号表示电路中各电气元件连接关系和电路工作原理的图形称为电气原理图。

绘制电气原理图应遵循以下一些基本原则：

（1）原理图分为主电路和辅助电路两部分。

（2）原理图使用国家标准规定的图形符号和文字符号绘制，不表现电气元件的外形和机械结构，同一电器的不同组件可按工作原理分开绘制，但应标注相同的文字符号。

（3）原理图中的所有触点都按未动作时的通断情况绘制，有电连接的交叉导线应在交叉点画上圆点。

（4）接触器或继电器线圈的下方应标明其对应的文字符号，并列触点表。

（5）控制电路的接点标记（线号）采用三位及三位以下阿拉伯数字按等电位原则标注。

（6）主电路各接点标记要按规定原则标注。

（7）整张图纸的图面按回路划分成若干个图区，图区编号用阿拉伯数字写在图面下部的方框内。

3. 电气元件布置图

电气元件布置图是用来指示电气控制系统中各电气元件的实际安装位置和接线情况的。在图中电气元件用实线框表示，而不必按其外形画出。

4. 电气安装接线图

电气安装接线图用来表明电气设备之间的接线关系，以及电气设备外部元件之间的电气连接（图 11-2）。电气安装接线图主要用于电器的安装接线、线路检查、线路维修和故障处理，通常接线图与电气原理图一起使用。

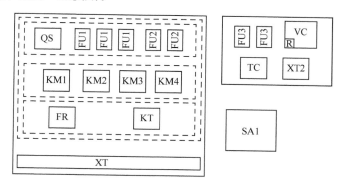

图 11-2　CW6140 型普通车床电气安装接线图

电气安装接线图的绘制原则如下（图 11-3）。

（1）各电气元件均按实际安装位置绘出，电气元件的图形符号和文字符号必须与电气原理图一致，并符合国家标准。

（2）各电气元件上凡是需要接线的部件端子都应绘出，并予以编号，各接线端子的编号必须与电气原理图上的导线编号相一致。

（3）不在同一控制柜、控制屏等控制单元上的电气元件之间的电气连接必须通过端子板进行，并标明去向。

（4）在电气系统安装接线图中布线方向相同的导线用线束表示，连接导线应注明导线的规格（数量、截面积等）；若采用线管走线，须留有一定数量的备用导线，还应注明线管的尺寸

和材料。

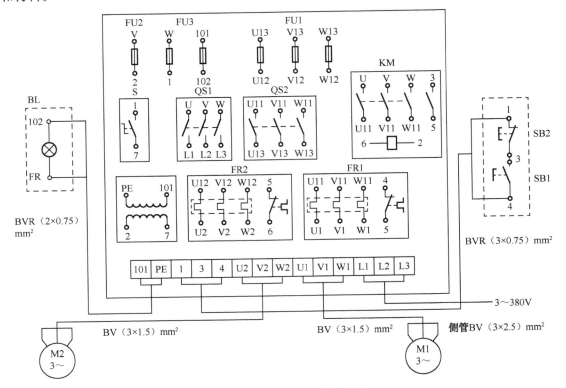

图 11-3　电气安装接线图范例

第12章

常用机床控制线路故障查找训练

一、实训目的

（1）熟悉各机床控制电路原理和动作规律。

（2）学会正确试车的方法，通过试车找出最小故障范围。

（3）正确使用各种仪表和工具进行故障查找，确定故障点。

（4）排除故障，恢复设备正常运行。

二、实训内容和步骤

（1）根据各机床控制电路原理进行设备的操作训练。

（2）根据各机床控制电路电气原理图对系统元件位置和布线进行确认。

（3）按各机床控制电路电气原理接线图，对实际走线进行逐步测量，对故障点进行确认排除，最后通电试验并实现电路功能。

三、所需材料和工具

根据表 12-1 备齐工具并妥善保管。

表 12-1　常备工具

工具名称	型号规格	数量	是否适用
万用表	MF47	1	
螺丝刀		1	
剥线钳		1	
尖嘴钳		1	
电工胶布和胶套		若干	

四、技能训练

（一）操作内容

（1）用通电试验方法对设备进行正确和完整操作。

（2）观察面板指示灯和接触器动作次序，观察电动机动作，注意听电动机声音是否正常。

（二）电气故障的设置原则

（1）人为设置的故障点，必须模拟机床在使用过程中，由于受到振动、潮湿、高温、异物侵入、电动机负载及线路长期过载运行、启动频繁、安装质量低劣和调整不当等原因造成的"自然"故障。

（2）设置故障以最符合自然故障的断路故障为主，切忌设置改动线路、换线、更换电气元件等由于人为原因造成的非"自然"的故障点，设置故障前要确认设备正常；设置故障后要操作确认故障设置符合预想，必要时设置故障人对查找者要提醒和指导，不能放任故障存在而离开。

（3）故障点的设置，应做到隐蔽且设置方便，除简单控制线路外，两处故障一般不宜设置在单独支路或单一回路中，不要设置超过3处故障，主电路设置断相故障应断两相，防止电动机处于断相运行而烧坏。

（4）对于设置一个以上故障点的线路，其故障现象应尽可能不要相互掩盖。

（5）应尽量不设置容易造成人身或设备事故的故障点，尤其不能短路电源。

（三）训练步骤

（1）先熟悉原理，再进行正确的通电试车操作。

（2）熟悉电气元件的安装位置，明确各电气元件的作用。

（3）教师示范故障分析检修过程。

（4）教师设置让学生知道的故障点，指导学生如何从故障现象着手进行分析，逐步引导学生采用正确的检查步骤和检修方法。

（5）教师设置人为的自然故障点，由学生检修。

（四）故障排查要求

（1）应根据故障现象，先在原理图中正确标出最小故障范围，然后采用正确的故障查找和排除方法并在规定时间内排除故障。

（2）排除故障时，必须修复故障点，不得采用更换电气元件、借用触点及改动线路等方法消除故障现象，否则按不能排除故障点扣分。

（3）检修时，严禁扩大故障范围或产生新的故障，并不得损坏电气元件和各种仪表工具。

（五）操作注意事项

学生应在指导教师指导下操作设备，安全第一。设备通电后，严禁在电器侧随意扳电磁元器件。进行排故训练尽量采用不带电检修。若带电检修，则必须有指导教师在场监护。

（1）必须安装好各电动机、支架接地线，设备下方垫好绝缘橡胶垫，厚度不小于5mm。

（2）操作前要仔细查看各接线端有无松动或脱落，以免通电后发生意外或损坏电器。

（3）在操作中若发出不正常声响，应立即断电，查明故障原因待修。产生故障噪声的主要原因是电动机缺相运行，接触器、继电器吸合不正常等。

（4）发现熔丝熔断，应找出故障后，方可更换同规格熔丝，不能用铜线代替熔丝。

（5）在维修设置故障中不要随便互换线端处号码管。

（6）操作时用力不要过大，速度不宜过快，操作不宜过于频繁。

（7）操作结束后，应拔出电源插头，将各开关置分断位。

（8）做好操作记录。

五、评分标准

评分表见表 12-2。

表 12-2　常用机床控制线路排除训练评分表

项目	技术要求	配分	评分细则	评分记录
设备调试	调试步骤正确	10	调试步骤不正确，每步扣 1 分	
	调试全面	10	调试不全面，每项扣 3 分	
	故障现象明确	10	不明确故障现象，每个故障扣 2 分	
故障分析	在电气控制线路图上分析故障可能的原因，思路正确	30	错标或标不出故障范围，每个故障点扣 6 分 不能标出最小的故障范围，每个故障点扣 3 分	
故障排除	正确使用工具和仪表，找出故障点并排除故障	40	实际排除故障中思路不清楚，每个故障点扣 3 分 每少查出一个故障点，扣 3 分 排除故障方法不正确，每处扣 1 分	
其他	操作有误，此项从总分中扣分		排除故障时，产生新的故障后不能自行修复，每个扣 5 分；已经修复，每个扣 3 分；损坏电动机，扣 10 分	
	超时，此项从总分中扣分		每超过 5min，从总分中扣 2 分，但不超过 5 分	
安全、文明生产	按照安全、文明生产要求		违反安全、文明生产要求，从总分中扣 5 分	

六、各机床控制线路训练指导

任务一：Z3050 型摇臂钻床电气控制线路故障排查训练

任务目标：

（1）仪表的正确选择和使用。

（2）识读机床电气原理图的方法。

（3）机械电气设备维修的一般方法。

（4）通电试车的预防和保护措施。

（5）读懂 Z3050 型摇臂钻床电气控制原理图。

（6）分析、判断并排除 Z3050 型摇臂钻床的电气故障。

（7）掌握液压驱动的结构及相关知识。

（一）主要结构和运动形式

1. 主要结构

该钻床由底座，内、外立柱，摇臂，主轴箱等组成，如图 12-1 所示。

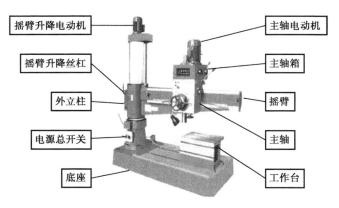

图 12-1　Z3050 型摇臂钻床

2. 运动形式

（1）主轴转动由主轴电动机驱动。通过主轴箱内的主轴、进给变速传动机构及正反转摩擦离合器和安装在主轴箱下端的操纵手柄、手轮，能实现主轴正反转、停车（制动）、变速、进给、空挡等控制。同时，主轴可随主轴箱沿摇臂上的水平导轨做手动径向移动。

（2）摇臂升降由摇臂升降电动机驱动。同时，摇臂与外立柱一起相对内立柱还能做手动 360° 回转。

（3）机床加工时，对主轴箱、摇臂及内、外立柱的夹紧由液压泵电动机提供动力，它采用液压驱动的菱形块夹紧机构，夹紧可靠。

（二）机床对电气线路的主要要求

（1）主轴正、反转是由正反转摩擦离合器实现的，所以只要求主轴电动机能正转。

（2）摇臂上升、下降是由摇臂升降电动机正、反转实现的，因此要求电动机能双向启动，同时为了设备安全，应具有极限保护。

（3）主轴箱、摇臂、内外立柱的夹紧采用液压驱动，要求液压泵电动机能双向启动。

（4）冷却泵电动机要求单向启动。

（5）为操作安全，控制电路的电源电压为 110V。

（6）摇臂采用自动夹紧和放松控制，要保证摇臂在放松状态下进行升降并有夹紧、放松指示。

（三）电气控制线路分析

（1）机床主电路采用 380V、50Hz 三相交流电源供电，并有保护接地措施。组合开关 QS1 为机床总电源开关。为了传动各机构，机床上装有四台电动机：M1 为主轴电动机，只能正转；M2 为摇臂升降电动机，能正、反转控制；M3 为液压泵电动机，能正、反转控制；M4 为冷却泵电动机，只能正转控制。

电路中 M4 用组合开关 QS2 进行手动控制，故不设过载保护。M1、M3 分别由热继电器 FR1、FR2 做过载保护。FU1 为总熔断器，用于 M1、M4 的短路保护；FU2 熔断器提供 M2、M3 及控制变压器一次侧的短路保护。

机床除冷却泵电动机 M4、电源开关 QS1 及 FU1、QS2 安装在固定部分外，其他电气设备均安装在回转部分上。由于本机床主柱顶上没有集电环，故在使用时，不要总是沿着一个方向连续转动摇臂，以免把穿入内立柱的电源线拧断。

（2）照明和指示电路均由控制变压器 TC 降压后供电，电压分别为 110V、36V。

① 合上电源开关后，按启动按钮 SB2，接触器 KM1 吸合并自锁，主轴电动机 M1 启动，M1 旋转指示灯 HL3 亮。停车时，按 SB1，KM1 释放，M1 停止旋转，M1 旋转指示灯熄。

② 按摇臂上升（或下降）按钮 SB3（或 SB4），时间继电器 KT 吸合，其瞬时动作的常开触点和延时断开的常开触点闭合，使电磁铁 YA 和接触器 KM4 同时吸合，液压泵电动机 M3 旋转，供给压力油，压力油经二位六通阀进入摇臂松开油腔，推动活塞和菱形块，使摇臂松开，同时，活塞杆通过弹簧片压位置开关 SQ2，使 KM4 释放，而使 KM2（或 KM3）吸合，M3 停止旋转，升降电动机 M2 正转（或反转），带动摇臂上升（或下降）。

如果摇臂没有松开，SQ2 的常开触点不能闭合，KM2（或 KM3）就不能吸合，摇臂不会升降。当摇臂上升（或下降）到所需位置时，松开 SB3（或 SB4），KM2（或 KM3）和 KT 释放，M2 停止旋转，摇臂停止升降，由于 KT 为断电延时型，在 KT 释放经过 1～3s 延时后，延时闭合的常闭触点闭合，使接触器 KM5 吸合，M3 反向旋转，此时 YA 仍处于吸合状态，压力油从相反方向经二位六通阀进入摇臂夹紧油腔，向相反方向推动活塞和菱形块，使摇臂夹紧，同时，活塞杆通过弹簧片压位置开关 SQ3，使 KM5 和 YA 都释放，液压泵停止旋转。

时间继电器的主要作用是控制接触器 KM5 的吸合时间，使升降电动机停止运转后，再夹紧摇臂。KT 的延时时间视需要，整定时间为 1～3s。

摇臂的自动夹紧是由位置开关 SQ3 来控制的，如果液压夹紧系统出现故障而不能自动夹紧摇臂，或者由于 SQ3 调整不当，在摇臂夹紧后不能使 SQ3 的常闭触点断开，都会使液压泵电动机 M3 处于长时间过载运行状态，造成损坏。为了防止损坏 M3，电路中使用了热继电器 FR2，其整定值应根据 M3 的额定电流来调整。

利用位置开关 SQ1 来限制摇臂的升降行程。当摇臂上升到极限位置时，SQ1 动作，使电路 SQ1（6-7）断开，KM2 释放，升降电动机 M2 停止旋转，但另一组 SQ1（7-8）仍闭合，以保证摇臂能够下降。当摇臂下降到极限位置时，SQ1 动作，使电路 SQ1（7-8）断开，KM3 释放，M2 停止旋转，但另一组触点 SQ1（6-1）仍闭合，以保证摇臂能够上升。

③ 立柱和主轴箱的松开或夹紧是同时进行的。

按松开按钮 SB5（或夹紧按钮 SB6），接触器 KM4（或 KM5）吸合，液压泵电动机 M3 旋转，供给压力油，压力油经二位六通阀（此时电磁铁 YA 处于释放状态）进入立柱夹紧或松开油缸和主轴箱夹紧或松开油缸，推动活塞及菱形块，使立柱和主轴箱分别松开（或夹紧），松开指示灯亮（或夹紧指示灯亮）。

Z3050 型钻床操作如下（图 12-2 ）：

（1）按 SB2，KM1 线包得电吸合且自锁，M1 电动机启动；按 SB1 则停机。

（2）按下 SB3 不松开，KT 线包得电吸合，KT 触点 14-15 马上接通。KT 触点 5-20 也马上接通，而触点 17-18 马上断开。KM4 线包得电，M3 电动机正转。同时 TA 马上亮。此时扳动行程开关 SQ2，7-14 断开，KM4 线包断电，M3 电动机停止。与此同时 7-9 通，电流经 5-7-9-10-11，KM2 线包得电吸合，M2 电动机正转启动。同时因按 SB3 时 5-6 通而 9-12 断开，所以 KM3 不会得电吸合。

（3）松开 SB3，KT、KM2 均失电，M2 电动机停止。

（4）由于 KT 时间继电器是断电延时型，KT 失电后 14-15 触点马上断开，而 5-20 触点延时几秒后断开，YA 灯灭。17-18 触点延时几秒后闭合（此时 KM4 已断电互锁，18-19 触点已复位）。电流经 5-QS3 触点-17-18-19，KM5 吸合。此时 M3 电动机马上反转启动。另外，由于 KT 触点（5-20）断开，而在 KM5 得电吸合时，22-20 触点又接通，所以 YA 又亮了。

（5）压下 SQ3 行程开关，KM5 断电，22-20 断，YA 灯熄灭，电动机 M3 全部停止。

（6）按下 SB4 不放手，5-8 通，9-10 断，经 5-8-7，KT 得电吸合，使 14-15 通。KT 触点（5-20）也马上通，使 YA 灯亮。KT 触点（17-18）马上断。14-15 通后，经 5-8-7-14-15-16，KM4 线包得电吸合，使电动机 M3 正转。

（7）此时扳动行程开关 SQ2，7-14 断，使 KM4 断电，M3 停止。而由于扳动 QS2，7-9 通，电流经 5-8-7-9-12-18，KM3 线包得电吸合，M2 反转。

（8）松开 SB4 按钮，5-8 断，KT、KM3 线圈均失电，电动机 M2 停止。

（9）由于 KT 为断电延时型，所以过几秒后，KT 触点 5-20 断开，YA 灭。KT 触点 17-18 闭合，电流经 5-SQ3-17-18-19，KM5 吸合，M3 电动机反转启动运行。KM5 吸合后，KM5 触点 22-20 闭合，电流经 5-21-22-20，YA 通电亮。

（10）扳动 SQ3 行程开关，KM5 线圈失电。电动机 M3 停止，灯 YA 灭。

（11）按动 SB5，KM4 得电吸合，M3 电动机正转，但它的前提条件必须是 SQ3 断开，否则一通电 KM5 就会动作吸合，互锁点（15-16）KM5 会切断 KM4 线包电路。

（12）松开 SB5 后，按 SB6，如果 SQ3 已断开，那么电流经 5-17-18-19，KM5 吸合。此时，21-22 断开，YA 不亮，只有 KM5 触点动作，电动机 M3 反转。

（四）摇臂钻床电气线路常见故障分析

摇臂钻床电气控制的特殊环节是摇臂升降。Z3050 型摇臂钻床的工作过程是由电气与机械、液压系统紧密结合实现的。

1. 摇臂不能升降

由摇臂升降过程可知，升降电动机 M2 旋转，带动摇臂升降，其前提是摇臂完全松开，活塞杆压位置开关 SQ2。如果 SQ2 不动作，常见故障是 SQ2 安装位置移动。这样，摇臂虽已放松，但活塞杆压不上 SQ2，摇臂就不能升降，有时，液压系统发生故障，使摇臂放松不够，也会压不上 SQ2，使摇臂不能移动。由此可见，SQ2 的位置非常重要，应配合机械、液压调整好后紧固。

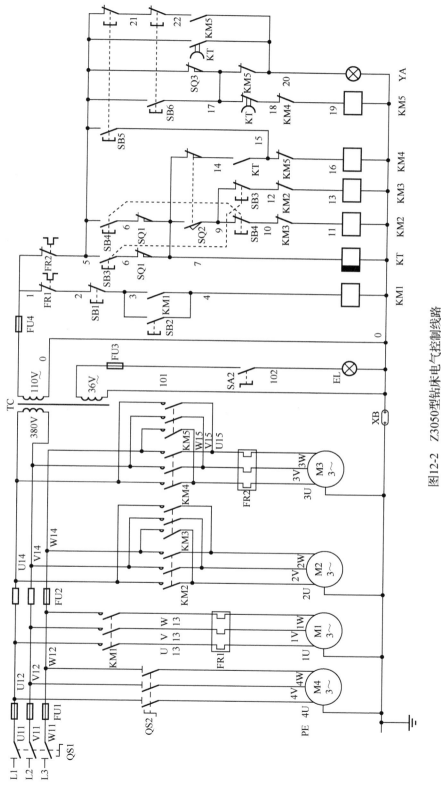

图12-2 Z3050型钻床电气控制线路

电动机 M3 电源相序接反时，按上升按钮 SB4（或下降按钮 SB5），M3 反转，使摇臂夹紧，SQ2 应不动作，摇臂也就不能升降。所以，在机床大修或新安装后，要检查电源相序。

2. 摇臂升降后，摇臂夹不紧

由摇臂升降后夹紧的动作过程可知，夹紧动作的结束是由位置开关 SQ3 来完成的，如果 SQ3 动作过早，使 M3 尚未充分夹紧时就停转。常见的故障有 SQ3 安装位置不合适，或固定螺钉松动造成 SQ3 移位，使 SQ3 在摇臂夹紧动作未完成时就被压上，切断了 KM5 回路，M3 停转。

摇臂钻床电气故障的设置原则如下。

（1）人为设置的故障点，必须模拟机床在使用过程中，由于受到振动、潮湿、高温、异物侵入、电动机过负载及线路长期过载运行、启动频繁、安装质量低劣和调整不当等原因造成的"自然"故障。

（2）切忌设置改动线路、更换电气元件等由于人为原因造成的非"自然"的故障点。

（3）故障点的设置，应做到隐蔽且设置方便，除简单控制线路外，两处故障一般不宜设置在单独支路或单一回路中。

（4）对于设置一个以上故障点的线路，其故障现象应尽可能不要相互掩盖。否则，学生在检修时，若检查思路尚清楚，但检修到定额时间的 2/3 还不能查出一个故障点，应做适当的提示。

（5）应尽量不设置容易造成人身或设备事故的故障点，如有必要，教师必须在现场密切注意学生的检修动态，随时做好采取应急措施的准备。

（6）设置的故障点必须与学生应该具有的修复能力相适应，每一个故障的修复时间应不超过 0.5×定额时间/故障点数量。

（五）训练题

1. 训练内容

（1）在主电路和控制电路各设置一个故障，要求在规定的时间内把故障排除。

（2）根据故障现象，判断故障范围并在线路图上标出。

（3）利用电工工具，查找故障点并排除。在线路图上标出故障点。

故障点断开：

（1）KM1 不吸合。

（2）控制变压器一次侧无电，控制线路断电。

（3）KM1、KM2、KM3、KM4、KM5、KM6 接触器无法吸合。

（4）KM2 接触器断路，M2 电动机不能正转启动。

（5）KM1 接触器无自锁。

（6）摇臂下降后无法上升。

（7）KM3、KM4、KM5、KM6 接触器无法吸合。

（8）KM4 接触器无法吸合。

（9）KM5、KM6 接触器无法吸合。

（10）KM6 接触器无法吸合。

（11）M2、M3 电动机缺相运行。

（12）M3电动机缺相运行。

2. 实训步骤

（1）在教师指导下，对摇臂钻床进行操作，了解摇臂钻床的各种工作状态及操作方法。

（2）在教师的指导下，熟悉摇臂钻床电气元件的安装位置和走线情况。

（3）在有故障的摇臂钻床上或人为设置自然故障点的摇臂钻床上，由教师示范检修，边分析、边检查，直至找出故障点及排除故障。

（4）由教师设置学生事先知道的故障点，指导学生如何从故障现象着手进行分析，逐步引导学生采用正确的检查步骤和检修方法。

（5）教师设置故障点，由学生检修。

3. 实训要求

（1）学生应根据故障现象，先在原理图中正确标出最小故障范围。

（2）排除故障时，必须修复故障点，不得采用更换电气元件、借用触点及改动线路的方法，否则按没有排除故障点扣分。

（3）检修时，严禁扩大故障范围或产生新的故障。

4. 注意事项

（1）要熟练地掌握原理图的各控制要求，认真观看教师的示范教学。

（2）带电检修必须有指导教师在现场监护，以确保检修安全，并及时做好实习记录。

任务二：M7120型平面磨床控制线路故障排查训练

任务目标：

（1）仪表的正确选择和使用。

（2）识读机床电气原理图的方法。

（3）机械电气设备维修的一般方法。

（4）通电试车的预防和保护措施。

（5）读懂M7120型平面磨床电气控制原理图。

（6）分析、判断并排除M7120型平面磨床的电气故障。

（7）掌握整流元件的相关知识及判别方法。

（一）主要结构和运动形式

M7120型平面磨床共有四台电动机，砂轮电动机是主运动电动机，直接带动砂轮旋转对工件进行磨削加工；砂轮升降电动机使拖板沿立柱导轨上下移动，用以调整砂轮位置；工作台和砂轮和往复运动是靠液压泵电动机进行液压传动的，液压传动较平稳，能实现无级调速，换向时惯性小，换向平稳；冷却泵电动机带动冷却泵供给砂轮和各工件冷却液，同时可带走磨下的铁屑（图12-3）。

（二）电气控制线路分析

M7120型平面磨床的电气控制线路分为主电路、控制电路、电磁工作台控制电路与指示灯电路四部分。

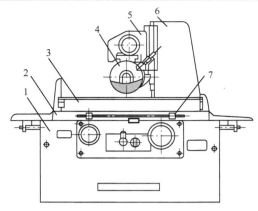

1—床身；2—工作台；3—电磁吸盘；4—砂轮箱；5—滑座；6—立柱；7—挡块

图 12-3　M7120 型平面磨床结构简图

1．主电路分析

主电路中共有四台电动机，其中 M1 是液压泵电动机，实现工作台的往复运动；M2 是砂轮电动机，带动砂轮转动磨削加工工件；M3 是冷却泵电动机，只要求单向旋转，分别用接触器 KM1、KM2 控制，冷却泵电动机 M3 只有在砂轮电动机 M2 运转后才能运转；M4 是砂轮升降电动机，用于磨削过程中调整砂轮与工件之间的位置。

M1、M2、M3 是长期工作的，所以都装有过载保护。四台电动机共用一组熔断器 FU1 作为短路保护。

2．控制电路分析

当电源正常时，合电源开关 QS1，电压继电器 KV 的常开触点闭合，表示控制电压正常，可进行操作。

1）液压泵电动机 M1 控制

启动过程：按下 SB2，SB2 常开闭合使 KM1 励磁（得电吸合自锁），带动 M1 启动，表示工作台做往返运动。

停止过程：按下 SB1，SB1 常闭切断，KM1 失磁（失电释放）使 M1 停转。

2）砂轮电动机 M2 的控制

启动过程：按下 SB4，SB4 常开闭合使 KM2 励磁（得电吸合自锁），带动 M2 启动。

停止过程：按下 SB3，SB3 常闭切断，KM2 失磁（失电释放）使 M2 停转。

3）冷却泵电动机控制

冷却泵电动机由于通过插座 QS2 与接触器 KM2 主触点相连，因此 M3 与砂轮电动机 M2 联动控制，按下 SB4 时 M3 与 M2 同时启动，按下 SB3 时同时停止。FR2 与 FR3 的常闭触点串联在 KM2 线圈回路中，M2、M3 中任一台过载时，相应的热继电器动作，都将使 KM2 线圈失电，M2、M3 同时停止。

4）砂轮升降电动机控制，采用点动控制

砂轮上升控制过程：按下 SB5，SB5 常开闭合使 KM3 励磁，M4 启动正转。

当砂轮上升到预定位置时，松开 SB5，SB5 常开接点断开，切断 KM3 使 M4 停转。

砂轮下降控制过程：按下 SB6，SB6 常开闭合使 KM4 励磁，M4 启动反转。

当砂轮下降到预定位置时，松开 SB6，SB6 常开接点断开，切断 KM4 使 M4 停转。

3．电磁吸盘控制电路分析

1）电磁吸盘构造及原理

电磁吸盘（图 12-4）外形有长方形和圆形两种。矩形平面磨床采用长方形电磁吸盘，圆台平面磨床用圆形电磁吸盘。

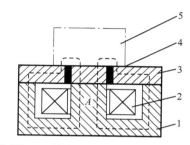

1—吸盘体；2—线圈；3—盖板；4—隔磁层；5—工件

图 12-4　电磁吸盘

2）电磁吸盘控制电路

它由整流装置、控制装置及保护装置等组成。

整流部分由整流变压器 T 和桥式整流器 VC 组成，输出 110V 直流电压。

3）电磁吸盘保护环节

（1）欠电压保护。

（2）电磁吸盘线圈的过电压保护。

（3）电磁吸盘的短路保护。

4．充磁过程

按下充磁按钮 SB8，接触器 KM5 线圈获电吸合，KM5 主触头闭合，电磁吸盘 YH 线圈获电，工作台充磁吸住工件。同时其自锁触头闭合，联锁触头断开。

磨削加工完毕，在取下加工好的工件时，先按 SB9，切断电磁吸盘 YH 的直流电源，由于吸盘和工件都有剩磁，所以需要对吸盘和工件进行去磁。

5．去磁过程

按下 SB10，KM6 吸合，电磁吸盘通入反向直流电，使工作台去磁。

保护装置由放电电阻 R 和电容 C 以及零压继电器 KA 组成。

6．M7120 型磨床操作

交流电压 110V 经整流，使欠压继电器 KV 线圈得电吸合，KV 触点（2-3）通，以保证有足够电压时，才能开动其他系统（KA 有欠压保护作用）。

按下 SB9 按钮，KM5 吸合并自锁，经 25-26-24，YC 通电吸合，给电磁吸盘充电充磁。

按下 SB8，KM5 线圈失电。按下 SB10 使 KM6 点动吸合，给电磁吸盘反向充电去磁。以便调整工件位置或取下工件。

与 YC 并联的 RC 电路的作用是 YC 断电时吸收 YC 的能量。

（三）电气线路常见故障分析

对于电动机不能启动、砂轮升降失灵等故障，其检查方法和钻床一样。特殊的问题是电磁吸盘的故障。

1. 磁盘没有吸力

检查变压器 TC 的整流输入端熔断器 FU4 及电磁吸盘熔断器 FU5 的熔丝是否熔断；若未发现故障，可检查电磁吸盘 YH 线圈的两个出线头是否损坏。

2. 磁吸盘吸力不足

原因之一是电源电压低。可用万能表检查整流输出电压是否达到 110V，检查接触器 KM5 的两副主触头接触是否良好。吸力不足的原因之二是整流电路故障，电路中一个二极管断开，桥式整流变成半波整流。

M7120 型磨床电气故障的设置原则如下。

（1）人为设置的故障点，必须模拟机床在使用过程中，由于受到振动、潮湿、高温、异物侵入、电动机过负载及线路长期过载运行、启动频繁、安装质量低劣和调整不当等原因造成的"自然"故障。

（2）切忌设置改动线路、更换电气元件等由于人为原因造成的非"自然"的故障点。

（3）故障点的设置，应做到隐蔽且设置方便，除简单控制线路外，两处故障一般不宜设置在单独支路或单一回路中。

（4）对于设置一个以上故障点的线路，其故障现象应尽可能不要相互掩盖。否则，学生在检修时，若检查思路尚清楚，但检修到定额时间的 2/3 还不能查出一个故障点，应做适当的提示。

（5）应尽量不设置容易造成人身或设备事故的故障点，如有必要，教师必须在现场密切注意学生的检修动态，随时做好采取应急措施的准备。

（6）设置的故障点，必须与学生应该具有的修复能力相适应，每一个故障的修复时间应不超过 0.5×定额时间/故障点数量。

（四）训练题

1. 训练内容

（1）在主电路和控制电路各设置一个故障，要求在规定的时间内把故障排除。

（2）根据故障现象，判断故障范围并在线路图上标出。

（3）利用电工工具，查找故障点并排除。在线路图上标出故障点。

故障点断开：

（1）M1、M2、M3、M4 电动机均断相运行。

（2）控制变压器一次侧无电，控制线路断电。

（3）KM1、KM2、KM3、KM4、KM5、KM6 接触器无法吸合。

（4）KM2 接触器断路，M2、M3 电动机不能启动。

（5）KM1 接触器无自锁。

（6）KM2 接触器无法吸合。

（7）KM3、KM4、KM5、KM6 接触器无法吸合。

（8）KM4 接触器无法吸合。

（9）KM5、KM6 接触器无法吸合。

（10）KM6 接触器无法吸合。

（11）M2、M3 电动机缺相运行。

（12）M3 电动机缺相运行。

2．实训步骤

（1）在教师指导下，对机床进行操作，了解机床的各种工作状态及操作方法。

（2）在教师的指导下，熟悉机床电气元件的安装位置和走线情况。

（3）在有故障的机床上或人为设置自然故障点的机床上，由教师示范检修，边分析、边检查，直至找出故障点及故障排除。

（4）由教师设置让学生事先知道的故障点，指导学生如何从故障现象着手进行分析，逐步引导学生如何采用正确的检查步骤和检修方法。

（5）教师设置故障点，由学生检修。

3．实训要求

（1）学生应根据故障现象，先在原理图中正确标出最小故障范围。

（2）排除故障时，必须修复故障点，不得采用更换电气元件、借用触点及改动线路的方法，否则按没有排除故障点扣分。

（3）检修时，严禁扩大故障范围或产生新的故障。

4．注意事项

（1）要熟练地掌握原理图（图 12-5）的各控制要求，认真听好教师的示范教学。

（2）带电检修必须有指导教师在现场监护，以确保检修安全，并及时做好实习记录。

任务三：M1432A 型万能外圆磨床控制线路故障排查训练

任务目标：

（1）仪表的正确选择和使用。

（2）识读机床电气原理图的方法。

（3）机械电气设备维修的一般方法。

（4）通电试车的预防和保护措施。

（5）识读 M1432A 型万能外圆磨床电气控制原理图。

（6）分析、判断并排除 M1432A 型万能外圆磨床的电气故障。

（7）掌握液压驱动的结构及相关知识。

（一）主要结构和运动形式

M1432A 型万能外圆磨主要由床身、工作台、砂轮架（或内圆磨具）、头架、砂轮主轴箱、液压操纵箱、尾架等部分组成，如图 12-6 所示。

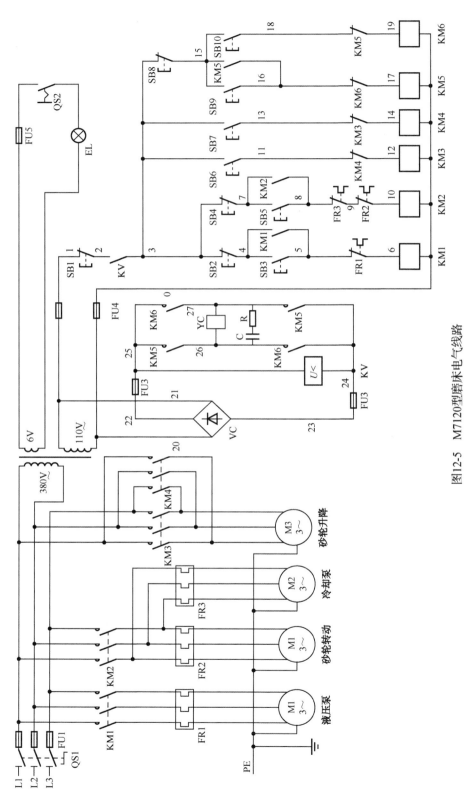

图12-5　M7120型磨床电气线路

主要运动有砂轮架（或内圆磨具）主轴带动砂轮高速旋转，头架主轴带动工件作旋转运动，工作台作纵向（轴向）往复运动，砂轮架作横向（径向）进给运动，这些运动用以完成各种工件的磨削加工。机床的辅助运动是砂轮架的快速进退，可以缩短辅助工时。

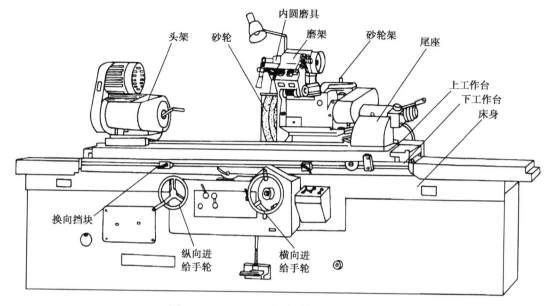

图 12-6　M1432A 型万能外圆磨床结构图

（二）电气控制线路分析

M1432A 型万能外圆磨床由五台电动机拖动，即油泵电动机 M1、头架电动机 M2、内圆砂轮电动机 M3、外圆砂轮电动机 M4 和冷却泵电动机 M5。从控制电路来看，M1432A 型万能外圆磨床只有在油泵电动机 M1 启动运转后，即接触器 KM1 的常开触点闭合后，其他的电动机才能启动运行。在控制电路中，SB1 为机床的总停止按钮，SB2 为油泵电动机 M1 的启动按钮，SB3 为头架电动机 M2 的点动按钮，SB4 为内、外圆砂轮电动机 M3、M4 的启动按钮，SB5 为内、外圆砂轮电动机 M3、M4 的停止按钮，手动开关 SA1 为头架电动机 M2 高、低速转换开关，SA2 为冷却泵电动机 M5 的手动开关，行程开关 SQ1 为砂轮架快速联锁开关，SQ2 为内、外圆砂轮电动机 M3、M4 的联锁行程开关。按下 SB2，接触器 KM1 电闭合并自锁，油泵电动机 M1 启动运转，其他电动机即可启动。按下按钮 SB3，头架电动机可点动。将手动开关 SA1 扳至"低"速挡，将砂轮架快速移动操纵手柄扳至"快进"位置，液压油进入砂轮架移动驱动油缸，带动砂轮架快速进给移动。当砂轮架接近工件时，压合行程开关 SQ1，接触器 KM2 通电闭合，头架电动机 M2 低速运转。同理，将 SA1 扳至"高"速挡位置，重复以上过程，头架电动机 M2 高速运转。内、外圆电动机 M3、M4 的控制由行程开关 SQ2 进行转换。当将砂轮架上的内圆磨具往下翻时，行程开关 SQ2 复位，按下按钮 SB4，接触器 KM4 通电闭合，内圆砂轮电动机 M3 启动运行；当将砂轮架上的内圆磨具往上翻时，行程开关 SQ2 被压合，按下按钮 SB4，接触器 KM5 通电闭合，外圆电动机 M4 启动运转。当接触器 KM2 或 KM3 闭合时，

也就是头架电动机 M2 不论低速或高速运转，接触器 KM6 都会通电闭合，冷却泵电动机 M5 启动运转。FU1 作为线路总的短路保护，FU2 作为 M1 和 M2 电动机的短路保护，FU3 作为 M3 和 M5 电动机的短路保护。5 台电动机均有过载保护。

M1432A 型磨床操作：

（1）按下 SB2，M1 电动机启动同时自锁，8 号线保持有电，YA 灯亮。

（2）按下 SB3，KM2 得电，电动机 M2 在 940r/min 下点动运行。

（3）压下 SQ1，扳动 SA1 接通 9，电动机 M2 低速启动运行。SA1 扳到 12，KM3 得电，M2 电动机成双星形接法，高速运行。另外，当 KM2、KM3 吸合时，8-19 接通，KM6 吸合，M5 电动机启动运行。

（4）按下 SB4，KM4 吸合，M4 电动机启动且自锁。

（5）扳动 SQ2，14-15 断开，14-16 接通，按下 SB4，KM5 吸合，M3 电动机启动且自锁。

（6）转动 SA2，KM6 吸合，M5 启动。

（7）KM2 与 KM3，KM4 与 KM5 相互联锁。

（三）电气线路常见故障分析

1. 五台电动机都不能启动

首先检查总熔断器的熔丝是否熔断；此外，应分别检查五台电动机的所属热继电器是否因过载动作脱扣，因为只要有一台电动机过载，它的热继电器脱扣就会使整个控制电路的电源被切断。遇到这种情况，等热继电器复位即可，但应查明原因，并予以排除；其次，应检查接触器的线圈是否脱落或断线，启动按钮和停止按扭的接线是否脱落，接触是否良好等，这些故障都会造成接触器不能吸合及油泵电动机不能启动，其余电动机也因此不能启动。

2. 其中两台电动机 M1、M2 或 M3、M5 不能启动

故障的主要原因是熔断器 FU2 或 FU3 的熔丝熔断。如果熔断器 FU2 熔断，电动机 M1、M2 不能启动；如果熔断器 FU3 熔断，电动机 M3、M5 不能启动；同时还应检查各个接触器的主触头是否良好。

3. 电动机 M2 的一挡能启动，另一挡不能启动

主要原因是转换开关有故障，可能是接触不良或开关已失效，须修复或更换新开关。再就是 KM2、KM3 中的某一个接触器的触头接触不良，导致电动机 M2 有一挡不能启动。

M1432A 型磨床电气故障的设置原则如下。

（1）人为设置的故障点，必须模拟机床在使用过程中，由于受到振动、潮湿、高温、异物侵入、电动机过负载及线路长期过载运行、启动频繁、安装质量低劣和调整不当等原因造成的"自然"故障。

（2）切忌设置改动线路、更换电气元件等由于人为原因造成的非"自然"的故障点。

（3）故障点的设置，应做到隐蔽且设置方便，除简单控制线路外，两处故障一般不宜设置在单独支路或单一回路中。

（4）对于设置一个以上故障点的线路，其故障现象应尽可能不要相互掩盖。否则，学生在检修时，若检查思路尚清楚，但检修到定额时间的 2/3 还不能查出一个故障点，应做适当的提示。

（5）应尽量不设置容易造成人身或设备事故的故障点，如有必要，教师必须在现场密切注意学生的检修动态，随时做好采取应急措施的准备。

（6）设置的故障点，必须与学生应该具有的修复能力相适应，每一个故障的修复时间应不超过 0.5×定额时间/故障点数量。

（四）训练题

1．训练内容

（1）在主电路和控制电路中各设置一个故障，要求在规定的时间内把故障排除；根据故障现象，判断故障范围并在线路图上标出。

（2）利用电工工具，查找故障点并排除。在线路图上标出故障点。

故障点断开：

（1）M1、M2、M3、M4 电动机均断相运行。

（2）控制变压器一次侧无电，控制线路断电。

（3）KM1、KM2、KM3、KM4、KM5、KM6 接触器无法吸合。

（4）KM2 接触器断路，M2、M3 电动机不能起动。

（5）KM1 接触器无自锁。

（6）KM2 接触器无法吸合。

（7）KM3、KM4、KM5、KM6 接触器无法吸合。

（8）KM4 接触器无法吸合。

（9）KM5、KM6 接触器无法吸合。

（10）KM6 接触器无法吸合。

（11）M2、M3 电动机缺相运行。

（12）M3 电动机缺相运行。

2．实训步骤

（1）在教师指导下，对机床进行操作，了解机床的各种工作状态及操作方法。

（2）在教师的指导下，熟悉机床电气元件的安装位置和走线情况。

（3）在有故障的机床上或人为设置自然故障点的机床上，由教师示范检修，边分析、边检查，直至找出故障点及故障排除。

（4）由教师设置让学生事先知道的故障点，指导学生如何从故障现象着手进行分析，逐步引导学生如何采用正确的检查步骤和检修方法。

（5）教师设置故障点，由学生检修。

3．实训要求

（1）学生应根据故障现象，先在原理图中正确标出最小故障范围。

（2）排除故障时，必须修复故障点，不得采用更换电气元件、借用触点及改动线路的方法，

否则按没有排除故障点扣分。

（3）检修时，严禁扩大故障范围或产生新的故障。

4．注意事项

（1）要熟练地掌握原理图（图 12-7）的各控制要求，认真观看教师的示范教学。

（2）带电检修必须有指导教师在现场监护，以确保检修安全，并及时做好实习记录。

任务四：X62W 型万能铣床控制线路故障排查训练

任务目标：

（1）仪表的正确选择和使用。

（2）识读机床电气原理图的方法。

（3）机械电气设备维修的一般方法。

（4）通电试车的预防和保护措施。

（5）读懂 X62W 型万能铣床电气控制原理图。

（6）分析、判断并排除 X62W 型万能铣床的电气故障。

（7）掌握十字手柄的结构及相关知识。

（一）主要结构和运动形式

X62W 型万能铣床主工由床身、主轴、刀杆、横梁、工作台、回转盘、横溜板和升降台等部分组成。工作台上的工件可以在 3 个坐标的 6 个方向上调整位置或进给。除了能在平行于或垂直于主轴轴线方向进给外，还能在倾斜方向进给，还可以加工螺旋槽，故称万能铣床，如图 12-8 所示。

（二）电气控制线路分析

1．主电路分析

主电路共有三台电动机，M1 是主电动机，拖动主轴带动铣刀进行铣削加工；M2 是工作台进给电动机，拖动升降台及工作台进给；M3 是冷却泵电动机，供应冷却液。

2．控制电路分析

1）主轴电动机的控制

控制线路中的启动按钮 SB1 和 SB2 是异地控制按钮，分别装在机床两处，方便操作。SB5 和 SB6 是停止按钮。KM1 是主轴电动机 M1 的启动接触器，YC1 则是主轴制动用的电磁离合器，SQ1 是主轴变速冲动的行程开关。

（1）主轴电动机的启动。

（2）主轴电动机的停车制动。

（3）主轴换铣刀控制。主轴上更换铣刀时，为了避免主轴转动，造成更换困难，应将主轴制动。方法是将转换开关扳到制动位置。

（4）主轴变速时的冲动控制。主轴变速时的冲动控制是利用变速手柄与冲动行程开关 SQ1 通过机械上的联动机构进行控制的。

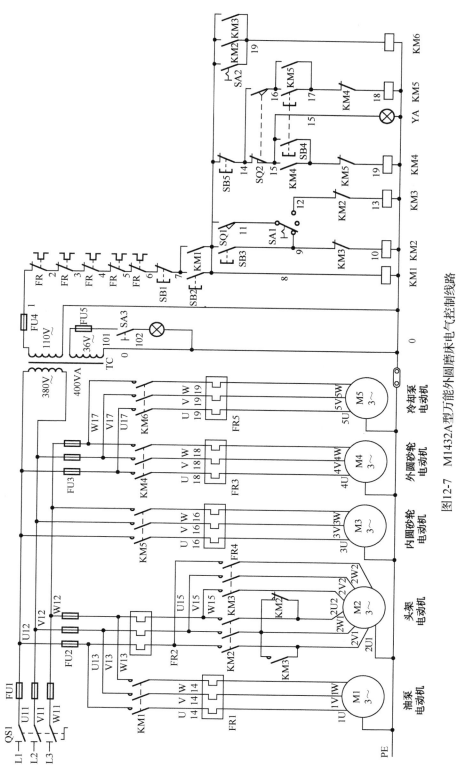

图12-7　M1432A型万能外圆磨床电气控制线路

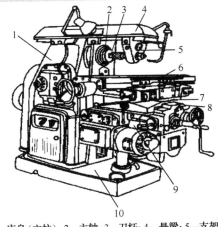

1—床身（立柱）；2—主轴；3—刀杆；4—悬梁；5—支架；6—工作台；
7—回转盘；8—横溜板；9—升降台；10—底座

图 12-8　X62W 型万能铣床实物及结构图

2）工作台进给电动机的控制

转换开关 SA2 是控制圆工作台的，在不需要圆工作台工作时，转换开关 SA2 扳到"断开"位置，此时 SA2-1 闭合，SA2-2 断开，SA2-3 闭合；当需要圆工作台运动时，将转换开关 SA2 扳到"接通"位置，则 SA2-1 断开，SA2-2 闭合，SA2-3 断开。

（1）工作台纵向进给。工作台的左右（纵向）运动由"工作台操作手柄"来控制。手柄有三个位置：向左、向右、零位（停止）。

（2）工作台向右运动。主轴电动机 M1 启动后，将操作手柄向右扳，其联动机构压动位置开关 SQ5，常开触头 SQ5-1 闭合，常闭触头 SQ5-2 断开，接触器 KM3 通电吸合；电动机 M2 正转启动，带动工作台向右运动。

（3）工作台向左运动。主轴电动机 M1 启动后，将操作手柄拨向左，这时位置开关 SQ6 被压着，常开触头 SQ6-1 闭合，常闭触头 SQ6-2 断开，接触器 KM4 通电吸合；电动机 M2 反转，带动工作台向左运动。

（4）工作台升降和横向（前后）进给。操纵工作台上下和前后运动是用同一手柄完成的。该手柄有五个位置，即上、下、前、后和中间位置。当手柄向上或向下时，机械上接通了垂直进给离合器；当手柄向前或向后时，机械上接通了横向进给离合器；手柄在中间位置时，横向和垂直进给离合器均不接通。

在手柄扳到向下或向前位置时，手柄通过机械联动机构使位置开关 SQ3 被压动，接触器 KM3 通电吸合，电动机正转；在手柄扳到向上或向后位置时，位置开关 SQ4 被压动，接触器 KM4 通电吸合，电动机反转。

X62W 型铣床的操作：

（1）扳动 SQ1，2-6 通。KM1 吸合，SQ1 不动，5 号线带电。

（2）按下 SB1 或 SB2，KM1 吸合自锁，使 10 号线带电。转动 SA3，QS2，M1、M2 电动机转动。

（3）按下 SB3 或 SB4，KM2 点动吸合，同时 10 号线带电。

（4）接通 SA1-2，22-23 断，控制回路断电。

（5）转换开关工作状态：SA2-1 与 SA2-3 同时通，SA2-2 断开。反之 SA2-2 通时 SA2-1 与 SA2-3 同时断开。

（6）当 SA2-1、SA2-3 接通时，供给 14 号线有两条通路，其一为 10-17-18-13-14，其二为 10-11-12-13-14。

（7）压下 SQ5，SQ5-1 通、SQ5-2 断，电经 10-11-12-13-14-15-16，KM3 吸合，M3 电动机反转。

（8）压下 SQ6，SQ6-1 通、SQ6-2 断，电经 10-11-12-13-14-19-20，KM4 吸合，M3 电动机正转。

（9）压下 SQ3，SQ3-1 通、SQ3-2 断，电经 10-17-18-13-14-15-16，KM3 吸合，M3 电动机反转。

（10）压下 SQ4，SQ4-1 通、SQ4-2 断，电经 10-17-18-13-14-19-20，KM4 吸合，M3 电动机正转。

（11）压下 SQ2，SQ2–1 通、SQ2–2 断，电经 10-17-18-13-12-11-15-16，KM3 吸合，M3 电动机反转。

（三）电气线路常见故障分析

1. 主电动机不能启动

这种故障和前面分析过的机床类似，主要检查三相电源、熔断器、热继电器的触头及有关按钮的接触情况。

2. 工作台不能进给

1）工作台各方向都不能进给

先证实圆工作台开关是否在"断开"位置。接着用万能表检查控制回路电压是否正常，可扳动操作手柄至任一运动方向，观察其相关接触器是否吸合，若吸合则断定控制回路正常；这时应着重检查电动机主回路。常见故障有接触器主触头接触不良、电动机接线脱落和绕组断路等。

2）工作台不能向上运动

这种现象往往是由操作手柄不在零位造成的。若操作手柄位置无误，则是机械磨损等因素，使相应的电气元件动作不正常或触头接触不良所致。

3）工作台前后进给正常，但左右不能进给

由于工作台能横向进给，说明接触器 KM3 或 KM4 及电动机 M2 的主回路都正常，故障只能发生在 SQ2-2、SQ3-3、SQ4-2 或 SQ5-1、SQ6-1 上。

4）工作台不能快速进给，主轴制动失灵

上述故障的原因往往是电磁离合器工作不正常。首先检查整流电路，其次检查电磁离合器线圈，最后检查离合器的动片和静片。

5）变速时冲动失灵

多数原因是冲动开关的常开触点在瞬间闭合时接触不良，其次是变速手柄或变速盘推回原位过程中，机械装置未碰上冲动行程开关。

X62W 型铣床电气故障的设置原则如下。

（1）人为设置的故障点，必须模拟机床在使用过程中，由于受到振动、潮湿、高温、异物侵入、电动机过负载及线路长期过载运行、启动频繁、安装质量低劣和调整不当等原因造成的"自然"故障。

（2）切忌设置改动线路、更换电气元件等由于人为原因造成的非"自然"的故障点。

（3）故障点的设置，应做到隐蔽且设置方便，除简单控制线路外，两处故障一般不宜设置在单独支路或单一回路中。

（4）对于设置一个以上故障点的线路，其故障现象应尽可能不要相互掩盖。否则，学生在检修时，若检查思路尚清楚，但检修到定额时间的 2/3 还不能查出一个故障点，应做适当的提示。

（5）应尽量不设置容易造成人身或设备事故的故障点，如有必要，教师必须在现场密切注意学生的检修动态，随时做好采取应急措施的准备。

（6）设置的故障点，必须与学生应该具有的修复能力相适应，每一个故障的修复时间应不超过 0.5×定额时间/故障点数量。

（四）训练题

1. 训练内容

（1）在主电路和控制电路中各设置一个故障，要求在规定的时间内把故障排除。

（2）根据故障现象，判断故障范围并在线路图上标出。

（3）利用电工工具，查找故障点并排除。在线路图上标出故障点。

故障点断开：

（1）KM4 接触器无法吸合。

（2）在 SA2-1 接触点接通时，无法使 KM3、KM4 接触器吸合。

（3）当 KM2 接触器吸合时，无法把电送到 KM3、KM4 控制回路去。

（4）KM2 接触器无法吸合。

（5）在 SQ1 行程开关不转换时，整个控制线路断路。

（6）在 SQ1 行程开关转换时，KM1 接触器无法吸合。

（7）电源指示灯 EL 回路断路，无法指示。

（8）YC2 线路断路。

（9）SA1 在断开位置。

（10）VC 桥式整流系统断路，YC1、YC2、YC3 断路。

（11）110V 控制回路零线全断，无法控制。

（12）VC 桥式整流输出零线断路，YC1、YC2、YC3 灯断路。

（13）W 相断相，使电动机 M1、M2、M3 断相运行。

（14）使 M1 电动机断相运行。

（15）使 M3 电动机反转时断相运行。

2. 实训步骤

（1）在教师指导下，对 X62W 型铣床进行操作，了解其各种工作状态及操作方法。

（2）在教师的指导下，熟悉电气元件的安装位置和走线情况。

（3）在有故障的铣床上或人为设置自然故障点铣床上，由教师示范检修，边分析、边检查，直至找出故障点及故障排除。

（4）由教师设置让学生事先知道的故障点，指导学生如何从故障现象着手进行分析，逐步引导学生如何采用正确的检查步骤和检修方法。

（5）教师设置故障点，由学生检修。

3. 实训要求

（1）学生应根据故障现象，先在原理图中正确标出最小故障范围。

（2）排除故障时，必须要修复故障点，不得采用更换电气元件、借用触点及改动线路的方法，否则按没有排除故障点扣分。

（3）检修时，严禁扩大故障范围或产生新的故障。

4. 注意事项

（1）要熟练地掌握原理图（图 12-9）的各控制要求，认真观看教师的示范教学。

（2）带电检修必须有指导教师在现场监护，以确保检修安全，并及时做好实习记录。

任务五：T68 型卧式镗床控制线路故障排查训练

任务目标：

（1）仪表的正确选择和使用。

（2）识读机床电气原理图的方法。

（3）机械电气设备维修的一般方法。

（4）通电试车的预防和保护措施。

（5）读懂 T68 型卧式镗床电气控制原理图。

（6）分析、判断并排除 T68 型卧式镗床的电气故障。

（一）主要结构和运动形式

T68 型卧式镗床如图 12-10 所示，主要由床身、前立柱、镗头架、工作台、后立柱和尾架等组成。

主运动——镗轴的旋转运动与花盘的旋转运动。

进给运动——镗轴的轴向进给，花盘刀具溜板的径向进给，镗头架的垂直进给，工作台的横向进给，工作台的纵向进给。

辅助运动——工作台的旋转，后立柱的水平移动及尾架的垂直移动。

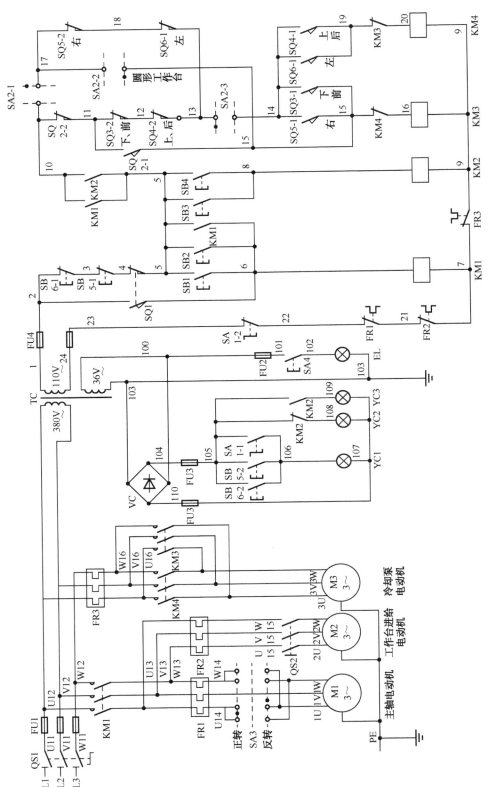

图12-9 X62W型铣床电气控制线路图

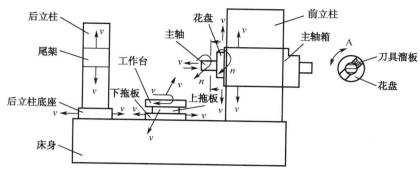

图 12-10　T68 型卧式镗床结构示意图

（二）电气控制线路分析

1. 主电路分析

T68 型卧式镗床电气控制线路有两台电动机：一台是主轴电动机 M1，作为主轴旋转及常速进给的动力，同时还带动润滑油泵；另一台为快速进给电动机 M2，作为各进给运动的快速移动的动力。M1 为双速电动机，由接触器 KM4、KM5 控制：低速时 KM4 吸合，M1 的定子绕组为三角形连接，$n_N = 1460$r/min；高速时 KM5 吸合，KM5 为两只接触器并联使用，定子绕组为双星形连接，$n_N = 2880$r/min。KM1、KM2 控制 M1 的正反转。KS 为与 M1 同轴的速度继电器，在 M1 停车时，由 KS 控制进行反接制动。为了限制启、制动电流和减小机械冲击，M1 在制动、点动及主轴和进给的变速冲动时串入了限流电阻器 R，运行时由 KM3 短接。热继电器 FR 作为 M1 的过载保护。M2 为快速进给电动机，由 KM6、KM7 控制正反转。由于 M2 是短时工作制，所以不需要用热继电器进行过载保护。QS 为电源引入开关，FU1 提供全电路的短路保护，FU2 提供 M2 及控制电路的短路保护。

2. 控制电路分析

由控制变压器 TC 提供 110V 工作电压，FU3 提供变压器二次侧的短路保护。控制电路包括 KM1 ~ KM7 七个交流接触器和 KA1、KA2 两个中间继电器，以及时间继电器 KT 共 10 个电器的线圈支路，该电路的主要功能是对主轴电动机 M1 进行控制。在启动 M1 之前，首先要选择好主轴的转速和进给量，并且调整好主轴箱和工作台的位置（调整好后行程开关 SQ1、SQ2 的动断触点（1-2）均处于闭合接通状态）。

1）M1 的正反转控制

SB2、SB3 分别为正、反转启动按钮，下面以正转启动为例：按下 SB2，KA1 线圈通电自锁，KA1 动合触点（10-11）闭合，KM3 线圈通电，KM3 主触点闭合短接电阻 R；KA1 另一对动合触点（14-17）闭合，与闭合的 KM3 辅助动合触点（4-17）使 KM1 线圈通电，KM1 主触点闭合；KM1 动合辅助触点（3-13）闭合，KM4 通电，电动机 M1 低速启动。同理，在反转启动运行时，按下 SB3，相继通电的电器为 KA2→KM3→KM2→KM4。

2）M1 的高速运行控制

若按上述启动控制，M1 为低速运行，此时机床的主轴变速手柄置于"低速"位置，微动开关 SQ7 不吸合，由于 SQ7 动合触点（11-12）断开，时间继电器 KT 线圈不通电。要使 M1 高速运行，可将主轴变速手柄置于"高速"位置，SQ7 动作，其动合触点（11-12）闭合，这样在启动控制过程中 KT 与 KM3 同时通电吸合，经过 3s 左右的延时后，KT 的动断触点（13-20）断开而动合触点（13-22）闭合，使 KM4 线圈断电而 KM5 通电，M1 为 YY 连接高速运行。无论当 M1 低速运行还是在停车时，若将变速手柄由低速挡转至高速挡，M1 都是先低速启动或运行，再经 3s 左右的延时后自动转换至高速运行。

3）M1 的停车制动

M1 采用反接制动，KS 为与 M1 同轴的反接制动控制用的速度继电器，它在控制电路中有三对触点：动合触点（13-18）在 M1 正转时动作，另一对动合触点（13-14）在反转时闭合，还有一对动断触点（13—15）提供变速冲动控制。当 M1 的转速达到约 120r/min 以上时，KS 的触点动作；当转速降至 40r/min 以下时，KS 的触点复位。下面以 M1 正转高速运行，按下停车按钮 SB1 停车制动为例进行分析：按下 SB1，SB1 动断触点（3-4）先断开，先前得电的线圈 KA1、KM3、KT、KM1、KM5 相继断电，然后 SB1 动合触点（3-13）闭合，经 KS-1 使 KM2 线圈通电，KM4 通电。M1 D 形接法串电阻反接制动，电动机转速迅速下降至 KS 的复位值，KS-1 动合触点断开，KM2 断电，KM2 动合触点断开，KM4 断电，制动结束。如果是 M1 反转时进行制动，则由 KS-2（13-14）闭合，控制 KM1、KM4 进行反接制动。

4）M1 的点动控制

SB4 和 SB5 分别为正反转点动控制按钮。当需要进行点动调整时，可按下 SB4（或 SB5），使 KM1 线圈（或 KM2 线圈）通电，KM4 线圈也随之通电，由于此时 KA1、KA2、KM3、KT 线圈都没有通电，所以 M1 串入电阻低速转动。当松开 SB4（或 SB5）时，由于没有自锁作用，所以 M1 为点动运行。

T68 型卧式镗床操作指南：

（1）压下 SQ3、SQ4，按下 SB2，主电动机正转低速运行。

（2）按下 SB1，KA1、KM3、KM1、KM4 相继失电，接着，经 SB1（3-13）、KS（13-18）、KM1（18-19），KM2 得电，电动机进行反接制动，KS（13-18）断开，制动结束。

（3）压下 SQ3、SQ4，按下 SB3，主电动机反转低速运行。

（4）按下 SB1，KA2、KM3、KM2、KM4 相继失电，接着，经 SB1（3-13）、KS（13-14）、KM2（14-16），KM1 得电，电动机进行反接制动，KS（13-14）断开，制动结束。

（5）压下 SQ3、SQ4、SQ7，按下 SB2，主电动机正转低速运行。

　　KT（13-20）断开，KM4 失电，电动机停止。

　　KT（13-22）闭合，KM5 得电，电动机正转高速运行。

（6）压下 SQ3、SQ4、SQ7，按下 SB3，主电动机反转低速运行。

　　KT（13-20）断开，KM4 失电，电动机停止。

　　KT（13-22）闭合，KM5 得电，电动机反转高速运行。

（三）电气线路常见故障分析

T68 型镗床常见故障的判断和处理方法与车、铣、磨床大致相同。但由于镗床的机械–电气联锁比效多，又采用了双速电动机，在运行中会出现一些特有的故障。

主轴实际转速比标牌指示数多一倍或少一倍。

T68 型镗床主轴有 18 种转速，是采用双速电动机和机械滑移齿轮来实现变速的，如图 12-11 所示，主轴电动机的高低速的转换靠行程开关 SQ 的通断来实现。行程开关 SQ 安装在主轴调速手柄的旁边，主轴调速机构转动时推动一个撞钉，撞钉推动簧片使 SQ 通或断。所以在安装调整时，应使撞钉的动作与标牌指示相符。如 T68 型镗床的第一挡转速为 12r/min；第二挡 20r/min，主轴电动机以 1500r/min 运转；第三挡 25r/min，主轴电动机以 3000r/min 运转；第四挡 30r/min，主轴电动机又以 1500r/min 运转，以此类推。所以标牌指示在第一、二挡时，撞钉不推动簧片，行程开关 SQ 不动作；标牌指示在第三挡时，撞钉推动簧片，使 SQ 动作。如果安装调整不当，使 SQ 动作恰恰相反，则会发生主轴转速比标牌指数多一倍或少一倍。

图 12-11　主轴变速盘

主轴电动机只有高速挡，没有低速挡，或只有低速挡，没有高速挡。

这类故障原因较多，常见的有时间继电器 KT 不动作，或行程开关 SQ 安装位置移动，造成 SQ 总是处于通或断状态。如果 SQ 总在通的状态，则主轴电动机只有高速；如果 SQ 总在断开状态，则主轴电动机只有低速。此外如时间继电器 KT 的触头（23 区）损坏，接触器 KM5 的主触头不会通，则主轴电动机 M1 便不能转换到高速挡运转，只能停留在低速挡运转。

主轴变速手柄拉出后，主轴电动机不能冲动；或者变速完毕，合上手柄后，主轴电动机不能自动开车。

当主轴变速手柄拉出后，通过变速机构的杠杆、压板使行程开关 SQ3 动作，主轴电动机断电而制动停车。速度选好后推上手柄，行程开关动作，使主轴电动机低速冲动。行程开关 SQ3 和 SQ6 装在主轴箱下部，由于位置偏移，触头接触不良等原因而完不成上述动作。又因 SQ3、SQ6 是由胶木塑压成形的，由于质量等原因，有时绝缘击穿，造成手柄拉出后，SQ3 尽管已动作，但由于短路接通，使主轴仍以原来转速旋转，此时变速将无法进行。

T68 型镗床电气故障的设置原则如下。

（1）人为设置的故障点，必须模拟机床在使用过程中，由于受到振动、潮湿、高温、异物侵入、电动机过负载及线路长期过载运行、启动频繁、安装质量低劣和调整不当等原因造成的

"自然"故障。

（2）切忌设置改动线路、更换电气元件等由于人为原因造成的非"自然"的故障点。

（3）故障点的设置，应做到隐蔽且设置方便，除简单控制线路外，两处故障一般不宜设置在单独支路或单一回路中。

（4）对于设置一个以上故障点的线路，其故障现象应尽可能不要相互掩盖。否则，学生在检修时，若检查思路尚清楚，但检修到定额时间的 2/3 还不能查出一个故障点，应做适当的提示。

（5）应尽量不设置容易造成人身或设备事故的故障点，如有必要，教师必须在现场密切注意学生的检修动态，随时做好采取应急措施的准备。

（6）设置的故障点，必须与学生应该具有的修复能力相适应，每一个故障的修复时间应不超过 0.5×定额时间/故障点数量。

（四）训练题

1. 训练内容

（1）在主电路和控制电路中各设置一个故障，要求在规定的时间内把故障排除。

（2）根据故障现象，判断故障范围并在线路图上标出。

（3）利用电工工具，查找故障点并排除。在线路图上标出故障点。

故障点断开：

（1）EL 指示灯断路。

（2）行程开关 SQ7 闭合，KT 得电正常工作，但 KM5 不能工作。

（3）整个控制回路断电。

（4）中间继电器 KA1 不能自锁。

（5）KA2 中间继电器断路，不能吸合。

（6）SB4 按钮工作失效，SB5 按钮失效，KM1、KM2 接触器无法吸合。

（7）故障点断开，SB1 按钮工作正常，故障点闭合，则短接 SB1 按钮，SB1 失效。

（8）M2 电动机反转断相运行。

（9）KM1 接触器线路断路，无法吸合。

（10）故障点断开，KM2 接触器正常工作，故障点闭合，KM2 接触器线包被短接，KM2 无法吸合，且出现短路故障。

（11）KM5 接触器断路，无法吸合。

（12）KM6 接触器断路，无法吸合。

（13）M1 电动机断相运行。

2. 实训步骤

（1）在教师指导下，对 T68 型镗床进行操作，了解 T68 型镗床控制线路的各种工作状态及操作方法。

（2）在教师的指导下，熟悉 T68 型镗床电气元件的安装位置和走线情况。

（3）在有故障的 T68 型镗床上或人为设置自然故障点的 T68 型镗床上，由教师示范检修，边分析、边检查，直至找出故障点及故障排除。

（4）由教师设置让学生事先知道的故障点，指导学生如何从故障现象着手进行分析，逐步引导学生如何采用正确的检查步骤和检修方法。

（5）教师设置故障点，由学生检修。

3. 实训要求

（1）学生应根据故障现象，先在原理图中正确标出最小故障范围。

（2）排除故障时，必须修复故障点，不得采用更换电气元件、借用触点及改动线路的方法，否则，按没有排除故障点扣分。

（3）检修时，严禁扩大故障范围或产生新的故障。

4. 注意事项

（1）要熟练地掌握原理图（图 12-12）的各控制要求，认真观看教师的示范教学。

（2）带电检修必须有指导教师在现场监护，以确保检修安全，并及时做好实习记录。

任务六：M7475B 型磨床控制线路故障排查训练

任务目标：

（1）仪表的正确选择和使用。

（2）识读机床电气原理图的方法。

（3）机械电气设备维修的一般方法。

（4）通电试车的预防和保护措施。

（5）读懂 M7475B 型磨床电气控制原理图。

（6）分析、判断并排除 M7475B 型磨床的电气故障。

（一）主要结构和运动形式

M7475B 型磨床是立轴圆台面平面磨床。它采用立式磨头，用砂轮的端面进行磨削加工。工件用电磁工作台固定。它的主运动是砂轮的旋转，圆形工作台带动工件转动是进给运动，如图 12-13 所示。

（二）电气控制线路分析

1. 主电路分析

机床的主电路由五台交流异步电动机及其辅助电气元件组成。组合开关 QS1 是总电源开关。M1 是砂轮电动机，KM1 和 KM2 是 M1 的 Y-△启动交流接触器。M1 的过载保护电器是热继电器 FR1，短路保护电器是电源开关柜中的熔断器。M2 是工作台转动电动机，KM4 和 KM3 分别是 M2 的高速与低速转动启停接触器。M2 的短路保护电器是熔断器 FU1，过载保护电器是 FR2。M3 是工作台移动电动机，能够正反转。KM5 和 KM6 是 M3 的正反转接触器。热继电器 FR3 是 M3 的过载保护电器。M4 是磨头升降电动机，也是一台双向电动机，功率为 0.75kW。接触器 KM7 和 KM8 分别控制 M4 的正反转。热继电器 FR4 是 M4 的过载保护电器。M5 是冷却泵电动机，KM9 是 M5 的启动与停止接触器，FR5 是 M5 的过载保护电器。

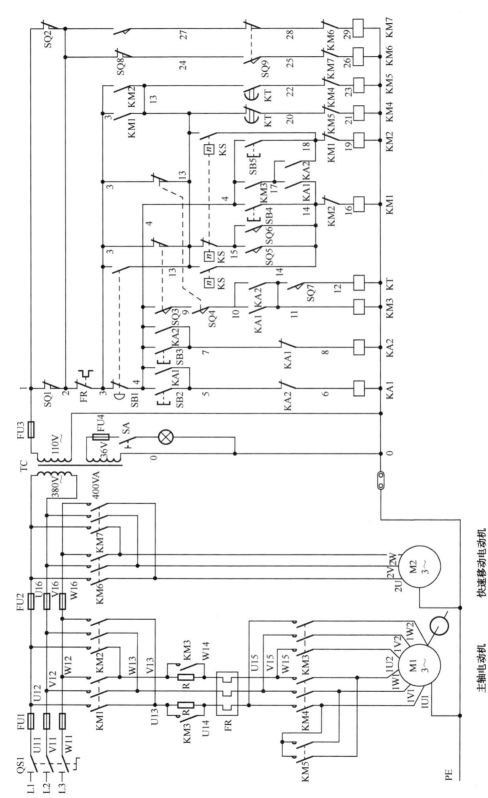

图12-12　T68型卧式镗床电气原理图

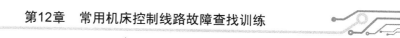

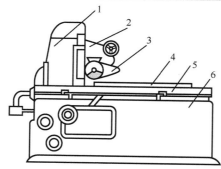

1—立柱；2—滑座；3—砂轮箱；4—电磁吸盘；5—工作台；6—床身

图 12-13　M7475B 型磨床结构图

M3、M4、M5、M6 共用的短路保护电器是熔断器 FU2。

2．控制电路分析

1）零电压保护

控制电路的启动以 KA1 开始，作为零电压保护，M2 工作台转动电动机和 M5 冷却泵电动机的开关无自动复位功能，突然停电恢复后可自动启动。当发生断电时，KA1 释放，重新通电后，须按压 SB2，使 KA1 吸合自锁，接通控制线电源，防止电动机不经操作而自行启动。

2）砂轮电动机 M1 的启动与停止控制

按下启动按钮 SB2，零压保护继电器 KA1 的线圈通电吸合并自锁，其常开触点（7-8）闭合，电源接通，信号灯 HL1 亮，表示机床的电气线路已处于带电状态。按下砂轮电动机启动按钮 SB3，交流接触器 KM1 以及时间继电器 KT1 获电吸合，使砂轮电动机 M1 在定子绕组接成星形的情况下启动旋转。经过一段时间，继电器 KT1 的延时断开常闭触头（9-13）断开，KM1 断电释放时 KT 的延时闭合常开触头（12-9）闭合，接触器 KM2 获电吸合自锁，同时 KM1 也吸合，M1 定子绕组成三角形连接，砂轮电动机正常运行。

停车时，按停止按钮 SB1，接触器 KM1、KM2 和时间继电器 KT 断电释放，砂轮电动机停转。

3）工作台转动控制

工作台转动有两种速度，由开关 SA1 控制。若将开关 SA1 扳到低速位置，交流接触器 KM3 通电吸合。由于接触器 KM4 无电，工作台转动电动机 M2 定子绕组接成三角形，电动机启动低速旋转，通过传动机构带动工作台低速转动。若将 SA1 扳到高速位置，交流接触器 KM4 得电动作，因接触器 KM3 无电，KM4 的触点将工作台转动电动机的定子绕组接成双星形，电动机 M2 通电后带动工作台高速转动。若将开关 SA1 扳到中间位置，KM3 和 KM4 均断电，M2 和工作台停转。工作台转动时，磨头不能下降。在磨头下降的控制线路中，串接了 KM3 和 KM4 的动断触点。只要工作台转动，KM3 和 KM4 的动断触点总有一个断开，切断磨头的下降控制线路。而当磨头下降时，接触器 KM8 的常闭辅助触头断开，接触器 KM3 和 KM4 都不能通电吸合，所以工作台不能转动。

4）工作台移动控制

按下启动按钮 SB5，接触器 KM5 得电吸合，工作台移动电动机 M3 正向旋转，工作台向左移动（退出）。

按下启动按钮 SB6，接触器 KM6 得电吸合，工作台移动电动机 M3 反向转动，拖动工作台向右移动（进入）。

因为在按钮两端未装设并联的接触器动合触点，接触器不能自锁，所以工作台左右移动是点动控制。松开按钮，工作台移动停止。限位开关 SQ1 和 SQ2 是工作台移动终端保护元件。当工作台移动到极限位置时，撞开限位开关 SQ1 或 SQ2，工作台移动控制线路断电，工作台停止移动。

5）磨头上升与下降电动机 M4 的控制

按下按钮 SB7 或 SB8，由接触器 KM7 或 KM8 控制电动机 M4 带动磨头上下移动。

6）冷却泵电机 M5 的控制

将开关 SA2 接通，接触器 KM9 通电吸合，冷却泵电动机 M5 启动运转。断开 SA2，KM9 断电释放，M5 停转。

M7475B 型磨床操作：

（1）按下 SB2，KA1 中间继电器吸合自锁，使 8 号线带电。

（2）按下 SB3，时间继电器 KT、接触器 KM1 得电吸合，电动机 M1 星形启动，KM1（12-9）闭合自锁，KM1（10-11）断开。过段时间后，KT 常闭（9-13）断开，电动机 M1 星形启动结束。同时 KT 常开（12-9）闭合，KM2 得电，电动机接成三角形，KM2（10-11、12-13）闭合，电动机三角形运行。

停止时，按下 SB1 或 SB4 均可。

双速电动机 M2 启动运行，SA1 打到左边，KM3 得电吸合，M2 电动机低速启动运行，SA1 打到右边，KM4 得电吸合，M2 电动机高速双星形启动运行，当然，KM8 接触器吸合时，8-14 断开，KM3、KM4 都不能工作。

（三）电气线路常见故障分析

1．电动机不能启动

（1）所有电动机均不能启动。首先确认是否有电，若电压正常，应检查各个热继电器是否已经动作，若有一台电动机过载，将导致控制电路断电，因而所有电动机都无法启动。此外还要检查零压保护继电器 KA1 能否正常动作。

（2）工作台转动电动机 M2 不动，主要原因可能是电磁吸盘吸力不足，电流继电器 KA 不能吸合，使继电器 KA2 接通电源，其常闭触头断开，导致 M2 断电。

2．主轴电动机不能高速运转

（1）主电路原因造成，当 KM2 主触点出现接触不良时，定子绕组的三角连接没有形成，所以电动机缓慢启动后停止运行。

（2）控制电路原因造成，当 KM1 吸合后，延时继电器延时时间到了，KM1 不能及时断开，或者没有松开 SB3，使 KM2 不能吸合，电动机始终处于低速运行状态或停转，当时间继电器

不能动作时也会出现上述故障现象。

M7475B 型磨床电气故障的设置原则如下。

（1）人为设置的故障点，必须模拟机床在使用过程中，由于受到振动、潮湿、高温、异物侵入、电动机过负载及线路长期过载运行、启动频繁、安装质量低劣和调整不当等原因造成的"自然"故障。

（2）切忌设置改动线路、更换电气元件等由于人为原因造成的非"自然"的故障点。

（3）故障点的设置，应做到隐蔽且设置方便，除简单控制线路外，两处故障一般不宜设置在单独支路或单一回路中。

（4）对于设置一个以上故障点的线路，其故障现象应尽可能不要相互掩盖。否则，学生在检修时，若检查思路尚清楚，但检修到定额时间的 2/3 还不能查出一个故障点，应做适当的提示。

（5）应尽量不设置容易造成人身或设备事故的故障点，如有必要，教师必须在现场密切注意学生的检修动态，随时做好采取应急措施的准备。

（6）设置的故障点，必须与学生应该具有的修复能力相适应，每一个故障的修复时间应不超过 0.5×定额时间/故障点数量。

（四）训练题

1. 训练内容

（1）在主电路和控制电路中各设置一个故障，要求在规定的时间内把故障排除。

（2）根据故障现象，判断故障范围并在线路图上标出。

（3）利用电工工具，查找故障点并排除。在线路图上标出故障点。

故障点断开：

（1）M3 电动机反转断相运行。

（2）M4 电动机断相运行。

（3）指示灯 EL 回路断路，指示灯不亮。

（4）整个控制回路断路，线路无法工作。

（5）时间继电器 KT 吸合不了。

（6）KM2 无法自锁。

（7）KM1、KM3、KM4、KM5、KM6、KM7、KM8、KM9 接触器，KA2 中间继电器无法吸合。

（8）KM5、KM6、KM7、KM8、KM9 接触器，KA2 中间继电器无法吸合。

（9）SA1 转换向右时，KM4 接触器断路，无法吸合。

（10）KA2 中间继电器无法自锁。

2. 实训步骤

（1）在教师指导下，对 M7475B 型磨床进行操作，了解 M7475B 型磨床控制线路的各种工作状态及操作方法。

（2）在教师的指导下，熟悉 M7475B 型磨床电气元件的安装位置和走线情况。

（3）在有故障的 M7475B 型磨床上或人为设置自然故障点的 M7475B 型磨床上，由教师示范检修，边分析、边检查，直至找出故障点及排除故障。

（4）由教师设置让学生事先知道的故障点，指导学生如何从故障现象着手进行分析，逐步引导学生如何采用正确的检查步骤和检修方法。

（5）教师设置故障点，由学生检修。

3. 实训要求

（1）学生应根据故障现象，先在原理图中正确标出最小故障范围。

（2）排除故障时，必须修复故障点，不得采用更换电气元件、借用触点及改动线路的方法，否则，按没有排除故障点扣分。

（3）检修时，严禁扩大故障范围或产生新的故障。

4. 注意事项

（1）要熟练地掌握原理图（图 12-14）的各控制要求，认真观看教师的示范教学。

（2）带电检修必须有指导教师在现场监护，以确保检修安全，并及时做好实习记录。

七、思考题

（1）金属切削机床的机械运动分为哪几类？分别是什么运动？

（2）在各机床控制电路中，为什么冷却泵电动机一般都受主电动机的联锁控制，在主电机启动后才能启动，一旦主电动机停转，冷却泵电动机也同步停转？

（3）试述 C620—1 型车床主轴电动机的控制特点。

（4）磨床采用电磁吸盘来夹持工件有什么好处？M7120 型平面磨床控制电路具有哪些保护环节？

（5）X62W 型铣床进给变速能否在运行中进行？为什么？

（6）T68 型镗床与 X62W 型铣床的变速冲动有什么不同？T68 型镗床在进给时能否变速？

（7）Z3050 型摇臂钻床的摇臂升降电动机 M2、冷却泵电动机 M4 都不需要用热继电器进行过载保护，分别是由于 M2，M4（　　　）。

A. 容量太小　　　　B. 不会过载　　　　C. 是短时工作制

（8）M7120 型平面磨床控制电路中电阻器 R1、R2、R3 的作用分别是（　　　）、（　　　）、（　　　）。

A. 限制退磁电流

B. 电磁吸盘线圈的过电压保护

C. 整流器的过电压保护

（9）X62W 型万能铣床的主轴采用（　　　）制动，T68 型卧式镗床的主轴采用（　　　）制动。

A. 反接　　　　　　B. 能耗　　　　　　C. 电磁离合器

（10）若 X62W 型万能铣床的主轴未启动，则工作台（　　　）．

A. 不能有任何进给　　B. 可以进给　　　　C. 可以快速进给

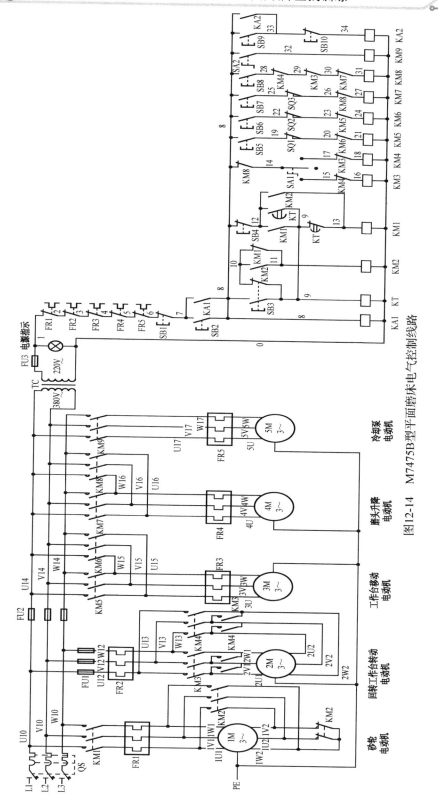

图12-14 M7475B型平面精磨床电气控制线路

（11）T68 型卧式镗床的主轴电动机 M1 是一台双速异步电动机，低速时定子绕组为（　　）连接，高速时定子绕组为（　　）连接。

　A. 三角形　　　　　　B. 星形　　　　　　C. 双星形

（12）磨床的电磁吸盘可以使用直流电，也可以使用交流电。（　　　）

（13）铣床在铣削加工过程中不需要主轴反转。（　　　）

（14）T68 型卧式镗床主电路中电阻器的作用是限制启动电流。（　　　）

（15）T68 型卧式镗床控制电路中速度继电器 KS 的动断触点（13-15）提供反接制动控制的。（　　）

（16）画出 X62W 型万能铣床工作台进给的控制电路。

（17）X62W 型万能铣床控制电路有哪四种联锁保护作用？

（18）M7130 型平面磨床的电磁吸盘没有吸力或吸力不足，试分析可能的原因。

（19）Z3050 型摇臂钻床的摇臂上升、下降动作相反，试由电气控制电路分析其故障的原因。

（20）X62W 型万能铣床，如果出现以下故障，试分析原因，应如何处理？

　① 主轴正反转运行都很正常，但要停转时，按下停止按钮，主轴不停。

　② 工作台向右、向左、向前、向下，进给都正常，但不能向上、向后进给。

　③ 工作台垂直与横向进给都正常，但无法纵向进给。

（21）T68 型卧式镗床能低速启动，但不能高速运行，试分析故障原因。

（22）试设计一台机床的电气控制电路，该机床共有三台三相笼型异步电动机：主轴电动机 M1、润滑泵电动机 M2、冷却泵电动机 M3。设计要求如下：

　① M1 直接启动，单向旋转，不需要电气调速，采用能耗制动，并可点动试车。

　② M1 必须在 M2 工作 3min 之后才能启动。

　③ M2、M3 共用一只接触器控制，如不需要 M3 工作，可用转换开关 SA 切断。

　④ 具有必要的保护环节。

　⑤ 装有机床工作照明灯一盏，电压为 36V，电网电压及控制电路电压均为 380V。

读者意见反馈表

书名：电气控制基础及应用　　　　主编：展明星　杨惠　　　　　责任编辑：杨宏利

> 感谢您购买本书。为了能为您提供更优秀的教材，请您抽出宝贵的时间，将您的意见以下表的方式（可发 E-mail：yhl@phei.com.cn 索取本反馈表的电子版文件）及时告知我们，以改进我们的服务。对采用您的意见进行修订的教材，我们将在该书的前言中进行说明并赠送您样书。

个人资料

姓名_____电话_____手机_____ E-mail_____

学校_____专业_____职称或职务_____

通信地址_____ 邮编_____

所讲授课程_____所使用教材_____课时_____

影响您选定教材的因素（可复选）

☐内容　☐作者　☐装帧设计　☐篇幅　☐价格　☐出版社　☐是否获奖　☐上级要求

☐广告　☐其他_____

您希望本书在哪些方面加以改进？（请详细填写，您的意见对我们十分重要）

_____

_____

_____

_____

_____

您希望随本书配套提供哪些相关内容？

☐教学大纲　☐电子教案　☐习题答案　☐无所谓　☐其他_____

您还希望得到哪些专业方向教材的出版信息？

_____

您是否有教材著作计划？如有可联系：010-88254587

_____

您学校开设课程的情况

本校是否开设相关专业的课程　☐否　　☐是

如有相关课程的开设，本书是否适用贵校的实际教学_____

贵校所使用教材_____　出版单位_____

本书可否作为你们的教材　☐否　　☐是，会用于_____课程教学

谢谢您的配合，请将该反馈表寄到下面地址，或发 E-mail：yhl@phei.com.cn 索取电子版文件填写。

通信地址：北京市万寿路 173 信箱　　杨宏利　收　　电话：010-88254587　　邮编：100036

反侵权盗版声明

电子工业出版社依法对本作品享有专有出版权。任何未经权利人书面许可，复制、销售或通过信息网络传播本作品的行为，歪曲、篡改、剽窃本作品的行为，均违反《中华人民共和国著作权法》，其行为人应承担相应的民事责任和行政责任，构成犯罪的，将被依法追究刑事责任。

为了维护市场秩序，保护权利人的合法权益，我社将依法查处和打击侵权盗版的单位和个人。欢迎社会各界人士积极举报侵权盗版行为，本社将奖励举报有功人员，并保证举报人的信息不被泄露。

举报电话：（010）88254396；（010）88258888

传　　真：（010）88254397

E-mail：　dbqq@phei.com.cn

通信地址：北京市海淀区万寿路 173 信箱

　　　　　电子工业出版社总编办公室

邮　　编：100036